生命 教·育·丛·书
SHENG MING JIAOYU CONGSHU

人最宝贵的是生命，生命只有

防灾避难与危机处理

生命是灿烂的，是美丽的；生命也是脆弱的，是短暂的。让我们懂得生命，珍爱生命，让我们在生命中的每一天，都更加充实，更加精彩！

本书编写组

孟微微 王晖龙 代 滢 邓家军◎编著

世界图书出版公司
广州·上海·西安·北京

图书在版编目（CIP）数据

防灾避难与危机处理／《防灾避难与危机处理》编写组编著. —广州：广东世界图书出版公司，2009. 12 （2021.11 重印）

ISBN 978 – 7 – 5100 – 1642 – 4

Ⅰ. ①防… Ⅱ. ①防… Ⅲ. ①灾害防治 – 青少年读物

Ⅳ. ①X4 – 49

中国版本图书馆 CIP 数据核字（2009）第 237641 号

书　　名	防灾避难与危机处理	
	FANG ZAI BI NAN YU WEI JI CHU LI	
编　　者	《防灾避难与危机处理》编写组	
责任编辑	程　静	
装帧设计	三棵树设计工作组	
责任技编	刘上锦　余坤泽	
出版发行	世界图书出版有限公司　世界图书出版广东有限公司	
地　　址	广州市海珠区新港西路大江冲 25 号	
邮　　编	510300	
电　　话	020-84451969　84453623	
网　　址	http://www.gdst.com.cn	
邮　　箱	wpc_gdst@163.com	
经　　销	新华书店	
印　　刷	三河市人民印务有限公司	
开　　本	787mm×1092mm　1/16	
印　　张	13	
字　　数	160 千字	
版　　次	2009 年 12 月第 1 版　2021 年 11 月第 6 次印刷	
国际书号	ISBN　978-7-5100-1642-4	
定　　价	38.80 元	

"光辉书房新知文库"

总策划／总主编:石　恢

副总主编:王利群　方　圆

本书作者

孟微微　王晖龙　代　滢　邓家军

序：让生命更加精彩

在中国进入经济高速发展，物质财富日渐丰富的同时，新的一代年轻人逐渐走向社会，他们中的许多人在升学、就业、情感、人际关系等方面遭遇的困惑，正在成为这个时代的普遍性问题。

有媒体报道，近30%的中学生在走进校门的那一刻，感到心情郁闷、紧张、厌烦、焦虑，甚至恐惧。卫生部在"世界预防自杀日"公布的一项调查数据显示，自杀在中国人死亡原因中居第5位，15～35岁年龄段的青壮年中，自杀列死因首位。由于学校对生命教育的长期缺失，家庭对死亡教育的回避，以及社会上一些流行观念的误导，使年轻一代孩子们生命意识相对淡薄。尽快让孩子们在人格上获得健全发展，养成尊重生命、爱护生命、敬畏生命的意识，已成为全社会急需解决的事情。

生命教育，顾名思义就是有关生命的教育，其目的是通过对中小学生进行生命的孕育、生命的发展等知识的教授，让他们对生命有一定的认识，对自己和他人的生命抱珍惜和尊重的态度，并在受教育的过程中，培养对社会及他人的爱心，在人格上获得全面发展。

生命意识的教育，首先是珍惜生命教育。人最宝贵的是生命，生命对于我们每个人来说，都只有一次。在生命的成长过程中，我们都要经历许许多多的人生第一次，只有我们充分体验生命的丰富与可贵，深刻地认识到生命到底意味着什么。

生命教育还要解决生存的意义问题。因为人不同于动物，不只是活着，人还要追求人生的价值和意义。它不仅包括自我的幸福、自我的追求、自我人生价值的实现，还表现在对社会、对人类的关怀和贡献。没有任何信仰而只信金钱，法律和道德将因此而受到冲击。生命信仰的重建是中小学生生命教育至关重要的一环。这既是生命存在的前提，也是生命教育的最高追求。

生命教育在最高层次上，就是要教人超越自我，达到与自身、与他人、与社会、与自然的和谐境界。我们不仅要热爱、珍惜自己的生命，对他人的生命、对自然环境和其他生命的尊重和保护也同样重要。世界因多样生命的存在而变得如此生动和精彩，每个生命都有其存在的意义与价值，各种生命息息相关，需要互相尊重，互相关爱。

生命是值得我们欣赏、赞美、骄傲和享受的，但生命发展中并不总是充满阳光和雨露，这其中也有风霜和坎坷。我们要勇敢面对生命的挫折和苦难，绝不能在困苦与挫折面前低头，更不能抛弃生命。

生命是灿烂的是美丽的，生命也是脆弱的是短暂的。让我们懂得生命，珍爱生命，使我们能在生命中的每一天，都更加充实，更加精彩！

本丛书编委会

CONTENTS
目 录

引　言

日常生活中，人们从事着各项活动：出行、集会、旅游、体育锻炼等等。这些活动中，人们有可能会遇到各种不安全的因素，而青少年应付这些异常情况的能力是最为有限的。再加上目前社会治安中仍存在一些问题需要解决，中小学生遭到不法分子侵害或滋扰的情况也时有发生，这使他们的身心受到了不同程度的伤害。此外，自然灾害的发生同样会对中小学生的健康成长构成威胁。中小学生自身的安全问题日益引起社会各界的高度重视。

据统计，2000 年全国中小学生非正常死亡人数为 14400 人，2001 年全国有 16000 余名中小学生死于安全事故，这意味着平均每天就有一个 40 多人的班级消失。数字是枯燥冰冷的，但它的背后却是一个个消失的鲜活生命。

2004 年 2 月 5 日，北京市密云灯展中发生了特大伤亡事故，共死亡 37人，其中学生 14 人。

2008 年 5 月 12 日 14 时 28 分，四川省汶川县被一场里氏 8.0 级的强烈地震空袭了。顷刻间，无数建筑被夷为平地，万千生灵化为云烟。因地震正值上课时间发生，师生伤亡尤为惨重，令人触目惊心。各种媒体抗震救灾的报道铺天盖地，惨绝人寰的灾难画面和持续刷新的伤亡数字，深深震撼了每个人。据民政部报告，截至 2008 年 7 月 24 日 12 时，四川汶川地震已确认 69197 人遇难，374176 人受伤，失踪 18209 人。

2008 年 7 月 15 日，黑龙江省齐齐哈尔市克东县宝泉镇保卫学校的 21 名学生，自发到郊外游玩。经过一条河流时，一名女生到河边洗手时不慎滑入水中，其他学生自行组织下水营救。由于水深，这名女生和另外 3 男 1 女，共 5 名学生，不幸溺水身亡。

……

看到这些触目惊心的案例与数据怎能不叫人心痛震惊，想象那些如流星般陨落的鲜活的生命和天真的容颜，又怎能不叫人扼腕叹息。安全事故已经成为我国青少年的最大杀手。

在现实生活中，天灾和意外伤害往往难以避免，但是青少年研究专家孙云晓认为：其实 80％ 的安全伤害是可以避免的。导致悲剧发生的一个重要原因是，青少年欠缺安全防卫知识，自我保护能力弱。如果我们事先引导中小学生面对纷繁复杂的现代社会，帮助他们树立自护自救观念，形成自护自救意识，并且掌握一定的自护自救知识，锻炼自护自救能力，那么，当灾害来临时，是可以把损失降到最低程度的。

在追求教育质量的同时，加强对学生的防灾避险教育，既关系家庭的幸福，也关系社会的稳定。我们热爱生活，展望明天；我们珍爱生命，拒绝伤害。希望我们人人都有安全意识，过平安祥和的生活，让每一天都充满欢声笑语！

校园生活篇

校园生活安全涉及青少年生活和学习方面的安全隐患有许多种，比如打架斗殴、体育运动损伤、火灾火险、自然灾害等等。这些都时刻在威胁着同学们的健康成长。"安全"与我们每一个人息息相关，它是我们正常学习、生活的基础。因此，我们要携起手来，共同营造"关注校园，关爱生命，关心自己"的氛围，牢固树立"安全第一"的意识，逐步提高同学们的自我保护意识和能力。

1. 危险打闹要不得

小静与小强均为某中学初二年级学生。某日晚自习前，小强将一条蛇带到学校玩耍。小强出于恶作剧，将蛇放在小静的手臂上，小静当场就吓得尖叫着跑出教室，被课桌绊倒。同学将其扶起，小静大哭着跑出了教室。老师点名时发现小静不在，便向同学询问，得知小静被蛇吓后跑出教室一直未归，即刻通知其父母一起寻找。次日凌晨，才找到无目标游走的小静。后经某医科大学司法精神病学鉴定，小静患了心因性精神障碍，其发病与被惊吓直接相关。

本案中学生小强违反学校规定，将具有危险性的动物带进教室并以恶作剧方式吓着学生小静。作为限制民事行为能力人，小强应当认识到自己的行为所产生的不良后果，对造成小静精神疾病的后果承担主要责任。

由于未成年学生彼此间的追逐、玩耍、打闹、玩笑等行为，而造成的学生身体受伤的情况，在中小学校中是比较常见、多发的。媒体曾报道过这样一个案例：

13 岁的刘某和 12 岁的张某都是五年级学生。一天午餐的时候，贪玩的刘某在学

同学之间要和谐相处

校餐厅吃完饭后便与张某等同学一起到学校礼堂玩耍。张某发现主席台上有一张破旧不堪的竹凉床，就拆下一块一米多长的竹片，对准乒乓台一阵猛打，刘某也感觉好玩，就从张某手中取过一根，两人对着台子，面对面地抽打起来。

正在教室午休的学生干部李某来到礼堂，对两人加以制止。但两人对李某的劝阻不但不听，反而打得更加起劲。几分钟后，刘某一时兴起，跨上球台，试图占据有利位置后用竹片与张某对打，不料还未站稳，张某手中的竹片断头就飞进刘某的左眼，血从刘某的眼眶中流出。刘某双手紧捂双眼，痛得身体紧缩成一团，不住地呻吟起来……后来，虽然医院全力救治，刘某的左眼还是没有保住。

通过以上案例，我们了解，同学之间在玩耍时一定要注意安全，自己不能伤害别人，也要当心自己被"不明物"伤害。同学们要注意：不要在狭窄的教室门口、楼道内推推搡搡，挤成一团，或猛冲猛跑、追赶打闹，不要骑在楼梯扶手上下滑；上下楼梯时要尽量靠右行，要走好走稳；不要在教室内打闹，或耍弄教鞭、扫帚等。

总之，为了自己和其他同学的健康成长，我们一定要注意安全，不做危及别人健康的游戏和事，同时还要学会保护自己，以免自己受到伤害。

2. 有人在打架

"当时宿舍门口冲进几十名高二学生，对我进行拳打脚踢，其中一名同学还掏出勺子猛地刺中我的手臂，没想到，噩梦并没有结束，仅10分钟后，十几名高一同学也冲进来，他们双手吊在床架上，飞起双脚对我疯狂乱踹……"这是2007年7月12日中午，在南海某中学西樵分校发生的一幕校园暴力。

事情要追溯到7月5日那天。当天下午在历史考试期间，同一考试室的姓梁和姓邵两名同学（同级不同班）就坐在小林的上下桌，当时姓梁的同学要求小林帮他传递作弊纸条给前面的姓邵同学，但遭到小林义正词严的拒绝，随后两人就恼羞成怒对小林进行了一番恐吓。

7月12日，期末考试的最后一天，考完下午的化学后就可以离校回家。中午1点36分左右，小林正在6楼的宿舍收拾行李，这时，宿舍大门突然被打开，门外冲进来四五个人，再仔细一看，后面还有几十个人紧跟随着。"就是他了！"为首的一名男子指着小林大喊，随后挥起拳头向他头部击打。

混乱中，一人不知道从哪里找来一把折断了的勺子，猛地向小林的左手手臂刺去，小林当时惨叫一声，随后手臂鲜血直流。"同宿舍的其他两名舍友见状，上来用身体挡住我，企图保护我，但被他们拉开了。"小林说。

为首的男子一边打，一边大喊："初中时我可以打你，上高中我一样可以打你。"小林才恍然大悟，原来带头打他的人就是在校念高二的胡某，在念初中时，他们曾有过节，小林被胡某打过，后来还报了警。殴打进行了六七分钟后，高二学生胡某带人扬长而去。

胡某他们走后10分钟左右，宿舍大门再次被撞开，小林没想到，这时门外又冲进来十几个人，"为首那个就是当时要我传纸条的邵某，他冲进来后，把我推倒在床上，然后双手吊在上床的架子上飞起双脚朝我胸口和腹部狂踹，一面踢，还一面叫喊'我让你审！'（粤语，意为'谁叫你这么嚣张！'）"小林说。

被打后，小林拼命挣扎，当他拼命跑入5楼的一间空置宿舍时，正好碰到负责学校军训的教官才得以脱险。随后，学校老师将其送往医院治疗。这是一起典型的校园暴力事件。

广义地说，校园暴力就是在校园里发生的暴力事件。一种是外部人士进入校园殴打学生和师生。一种是校园内部的暴力。对校园暴力，我们应该不陌生，即使不曾亲眼目睹，从报纸电视上或许也看过。尤其是在网上，有关校园暴力的视频和图片比比皆是。

不要参与打群架

可以说，在全国各地，大中小学，男女学生中都不同程度的存在。可见，校园暴力这一普遍社会问题现在已严重到何种程度。

校园暴力不仅严重破坏正常的教学环境，影响学生学习，在社会上造成了恶劣影响，更重要的是，校园暴力的施暴者和受害者都处于心理成长期。对施暴者来说，其过早染指了不良恶习，日后的成长令人担忧。而对受害者来说，这样的经历无疑是一场梦魇，很容易留下永久的伤痕。

那么，如何预防和减少校园暴力呢？

（1）增强法律意识。根据我国现有的民事立法，10～18周岁的未成年人是限制民事行为能力人，对于能够理解、判断的一些侵权行为，是要承担法律责任的；而根据刑事法律，14～16周岁的未成年人，对于抢劫、故意伤害致人死亡，故意杀人等8种严重刑事犯罪也是要承担责任的；而16周岁以上的未成年人，对于所有的刑事犯罪都是要承担刑事责任的。也就是说，我们要充分认识到，如果我们伤害了其他低年级的同学，我们不但可能要赔钱，而且可能要坐牢。

（2）提高心理素质。面对校园暴力，我们要做到两忌：

一忌"懵"。一些学生心理承受能力差，遇到校园暴力的场面就会恐惧过度，一下子就懵了，大脑一片空白，人家说什么就是什么。为此，在平时要加强心理素质锻炼，确保遇到突发事件时要头脑清醒。

二忌"鲁莽"。遇到校园暴力，你最好不要进行正面搏斗，以避免不必要的伤亡。他们敢欺负你，说明你处于弱势，力量不如他们强大，硬碰硬肯定会吃亏。此时一定要学会灵活处理，具体情况具体分析，一定要把对方的体貌特征看清楚，以便协助公安机关把他们抓获。

（3）懂得自我保护。我们要了解遭遇暴力时的策略与遭遇暴力以后应该如何对待等。如面对高年级同学以及校外人员的侵害要及时向父母和老师汇报；对于严重侵害行为要及时向公安机关报案。切忌沉默和"以暴制暴"。

你怕遭报复，受到欺负后选择沉默，其实这是"助纣为虐"的做法。你越怕，邪气就越会上升，再次受欺负的可能性就会越大。只有人人都敢于同邪恶势力做顽强斗争，正气才能压倒邪气，校园暴力才会消失。

很多学生本来是受害人，就是因为"以暴制暴"，最后成了罪犯，得不偿失。对此，你要有高度的法律意识，遭遇校园暴力时，及时通过法律的方式进行解决。

当然，校园暴力的解决非一朝一夕之举，需要学生、家长、学校、社区、公安等全社会的密切配合，共同应对。

3. 校园里遭遇勒索

据报道，自上初中以来，初三学生小涛（化名）每天都要忍受同班同学李某（化名）的恐吓勒索，小涛每天上交的"份子钱"从2元、5元、10元一直涨到四五十元，两年多来被其勒索共计近万元！慑于李某的恐吓，天性胆小的小涛即使倾尽所有也仍然凑不够每天的"份子钱"，最后甚至不得不靠借钱、偷钱来暂渡难关。

黄先生是广州一家家具企业的销售经理，有一个正在小学五年级读书的儿子。每次去外地出差，黄先生都会给儿子买礼物。可儿子对他的礼物好像并不怎么爱护，常常是没过几天就弄丢了。有一次黄先生追问儿子把礼物丢去了哪里？儿子百般不情愿地告诉他，自己把礼物"送给"了同学，而且已经送了七八次。黄先生问儿子，为什么要送给同学。儿子说那

个同学很厉害，自己怕挨打，所以要送。黄先生明白了，自己的儿子遇到了勒索。

被同学或是社会上的小混混勒索的例子屡屡见诸报端，对于已经蔓延至未成年的学生中的这种丑恶现象，成为社会上越来越受关注的话题。中小学生接触社会太少，思维不成熟。如果没有事前的针对性教育，遇到恐吓勒索这样的事自然不知道如何面对。面对这一现象，我们应该如何做呢？

（1）平时不随意乱花钱，尽量避免成为勒索的对象，不显示自己家里很有钱，要培养勤勉、节俭的美德。不要随身携带贵重物品，或使用高档名牌用品。如名牌服装、名牌鞋帽、名牌山地车或随身听等，这些都是校园抢劫勒索的主要目标。

（2）一旦遭遇勒索，首先要告诉自己不要害怕。要相信邪不压正，终归大多数的同学与老师，以及社会上一切正义的力量都是自己的坚强后盾，会坚定地站在自己的一方，千万不要轻易向恶势力低头。而一旦内心笃定，就会散发出一种强大的威慑力，让坏人不敢贸然攻击。

（3）大声地提醒对方，他们的所作所为是违法违纪的行为，会受到法律纪律严厉的制裁，会为此付出应有的代价。

（4）一定不能硬拼，那样是会受到伤害的。但也不能完全被他们吓住，一味地给他们东西和钱。碰到这件事时，一定要告诉老师和家长。事实证明，忍气吞声的做法绝对不可取，倘若一味地姑息纵容，抱着"多一事不如少一事"的心态，那么，不仅是在纵容你的同龄人违法犯罪，而且会对自己的身心造成莫大的伤害。

总之，如果发生被勒索的情况，不能唯唯诺诺，更不能以硬碰硬，要勇敢机智地与对方巧妙周旋，在保证自己人身安全的前提下，与老师、家长乃至公安机关取得联系以寻求帮助。

4. 我的钱不见了

案例一：2004年3月10日上午，于某经过同学李某宿舍时，将其一台笔记本电脑偷走，后带回常州家中。李某发觉电脑丢失后，发短信询问于某，班主任老师及保卫处老师亦多次找其谈话，于某均隐瞒事实，拒不承认。4月18日，公安机关在其家中取回物证后，于某向公安机关自首，并承认了盗窃事实，后被公安机关取保候审。学校对于某予以了勒令退学处分。

案例二：自2001年10月开始，钱某就开始有盗窃同宿舍同学钱物的行为，到2004年6月，其盗窃行为被同学发现，在3年多的时间内连续盗窃作案10多起，窃得赃物赃款折合人民币5000多元。由于此前当事人未向有关部门报告，该生一直未受到处理。2004年9月，其又先后两次在宿舍盗窃同学钱物，当事同学向保卫处报案。学校给予了该同学勒令退学的处分。

案例三：2006年12月底的一天凌晨，漆黑的夜晚掩盖着两条魅影。杨波和顾启两人白天"踩点"后，相约晚上到学校实施盗窃。在一小学门口，两人见四周无人，便从围墙翻入，直奔教学楼。杨波发现楼道防盗门上有个缺口，便趁机钻入。在教师办公室搜索一番后，杨波见空无一物，不免沮丧。此时，顾启见桌上摆放着一台电脑，眼睛一亮，示意杨波将其偷走。因电脑笨重，两人只好将电脑就地分解，将主机偷走。事隔两月后，杨波、顾启又相约以同样方式进入该小学偷电脑，因此次防盗门已经修补，两人费了不少力气才将防盗门扳开，如法炮制偷走电脑主机3台。

2007年4月，杨波、顾启又一次摸黑来到该小学。此次两人吸取经验，带了木棍等工具，从防盗门底部将其撬开，偷了主机和显示器各一台。为省麻烦，两人剪下窗帘，将主机和显示器包好后从阳台吊下。

2007年7月，杨波和顾启被公安机关抓获，依法起诉后，因犯盗窃罪分别判处有期徒刑2年10个月和2年。

近年来，校园安全话题频频升温，引来多方关注，而其中最与同学切身相关的便是校园中的财产安全问题，校园盗窃案件发案率呈上升趋势。为什么校园会成为盗贼的主要目标呢？在调查过程中，发现主要存在以下问题：一是思想放松警惕。学校在人们眼中尚属"世外桃源"，一般难以想象校园内会发生盗窃案件，教师和学生在思想上都比较麻痹大意。二是安全

校园盗窃时有发生

设施不到位。学校方面，虽然安装防盗门窗，但有些防盗门窗已经生锈、破残，校方未引起注意，及时采取措施给予加固、更新，给犯罪分子带来可乘之机。三是虽然校方都有门卫值班，但大多中小学校聘请的都是退休职工，对学校监管不十分严密，出入登记时紧时松，有些时节特别是假期容易出现疏松管理的状况。这就给作案分子提供了一个"安全"的作案环境。

发生在校园里的偷窃事件，不仅给受害同学造成了经济损失，更严重

污染了洁净的校园空气。那么，应该如何正确防范和应对盗窃案件的发生呢？

（1）平时应提高安全防范意识，切不可麻痹大意，贵重物品勿放在教室内。因学校是相对开放的环境，所以每天离开学校前应检查是否锁好门窗。

（2）一旦发生盗窃案件，同学们一定要冷静应对。首先要立即报告学校保卫部门，同时封锁和保护现场，不准任何人进入。不得翻动现场的物品，切不可急急忙忙地去查看自己的物品是否丢失。这对工作人员准确分析、正确判断侦察范围和收集罪证，有十分重要的意义。

（3）发现嫌疑人，应立即组织同学进行堵截，力争捉拿。

（4）要配合调查，客观地回答公安部门和保卫人员提出的问题，积极主动地提供线索，不得隐瞒情况不报。

（5）如果发现存折被窃，应当尽快到银行挂失。

5. 提防马路骗子

军军一个人放学回家，有个陌生人走过来告诉他，他的爸爸被车撞了，正在医院里急救，他要军军和他一起去医院看爸爸。这时候，军军应该怎么办？

显而易见，军军遇到了马路骗子。近十几年来，全国各地都发生了数量较多的拐卖妇女儿童的刑事案件。虽然公安机关和国家有关部门不断加大打击拐卖妇女儿童犯罪的力度，但是这种丑恶的行径并没有销声匿迹。

骗子的惯用伎俩通常有：

（1）假装问路。

（2）假装你的亲人或父母的同事、友人。

（3）请求你的帮助（如寻找丢失的宠物）。

（4）主动给你糖果和玩具或带你去游乐园等好玩的地方。

青少年由于年龄小，社会经验少，往往容易上坏人的当，因此必须注意自身保护，避免被坏人拐骗和伤害。那么，如何避免被坏人拐骗和侵害呢？

提防马路骗子

（1）养成放学后按时回家的好习惯，如有时不能按时回家，要设法通知家长。低年级学生应让家长接送，如家长有事不能按时来接，绝对不能跟陌生人走。

（2）记住家长的姓名、工作单位、家庭住址、电话号码，并学会如何打电话。

（3）单独在外，不接受陌生人的礼物和邀请，不轻信陌生人所说的甜言蜜语。陌生人叫干的任何事情都不要干。遇到陌生人问路，指明方向、路程即可，切不可为其领路，尤其是在较偏僻的地方。出门绝对不要搭乘陌生人的车辆。

（4）女孩尽量不要晚上独自出门，夜晚外出或在陌生偏僻的地方行走时，应有大人陪伴，或多人一起行走。夜间单独走路，最好不要穿过分暴露的服装。遇到不怀好意的人挑逗或侵害要给予严厉斥责，并高声呼救，如果四周无人，又来不及逃脱，要设法同他周旋，拖延时间，或变换地方等候救援。切不可鲁莽与罪犯搏斗，以防招来杀身之祸。

武汉市一位 11 岁的少年在放学途中被人用出租车劫持，辗转卖到河北一个农户家中。他在严密的监视看管之下不忘逃跑。后来他被转卖给一个商贩，终于得以在一次进货的机会中逃跑成功。这个少年虽然没有想到向地方公安机关和政府部门求救，但他凭着自己的毅力和勇气，从河北扒乘火车回到了武汉。所以，一旦发生被犯罪分子劫持拐卖的事件，要用智慧设法自救：

（1）沉着冷静，注意观察犯罪分子的人数、交谈内容，从中摸清犯罪分子作案的意图。在摸清对方的意图后，要想方设法，在适当的时候，寻找借口逃跑如上厕所、装病。不要与犯罪分子当面顶撞，以免受皮肉之苦。

（2）一旦被软禁，要装作很顺从的样子来麻痹对方，使犯罪分子放松警惕。一有机会就接近窗户、天窗、通气孔等通向外界的地方，想办法向邻居、路人呼救，或者写纸条、扔东西。纸条内容大概是"我被坏人关在××地方，请报警"，这不仅使自己免遭不幸，而且使犯罪分子很快落网。

（3）如果已被人贩子卖掉，要冷静，想办法拖延时间，可以说身体不适，或用温柔的语言哄骗对方。抓住机会向你能够接触到的人求救，如向清洁工人求助。在人多的地方一定要大声呼救。见到警察、机关单位等要想办法靠近并求助。

（4）打 110 电话求助。不论是哪个电话，都可打 110，电话打通后，要讲清楚自己所在的位置，以便警察及时查找。逃出来后，要迅速找到当地公安局派出所、妇联等机关组织报警、寻求帮助。

青少年学生基本具备了识别真伪和自救的能力，所以只要胆大心细，一般都可以抓住机会，从被拐中逃脱成功。

6. 有人在跟踪我

近年来，犯罪分子跟踪青少年，尤其是对低龄的小学生进行犯罪的案件逐渐增多，这也为我们敲响了警钟。

小丽是个天真活泼的小女孩。因为爸爸妈妈工作很忙，从小她就自己带了一把钥匙挂在脖子上，放学后自己回家。一天放学的路上，小丽和小童两人相约到小丽家写作业。两人一边走一边嬉戏打闹，玩得很开心。这时，一个男青年从后面追上来问小丽："小同学，我是你爸爸的同事，你爸爸回来了吗?"小丽不假思索地说："我爸爸很晚才回来呢。"那个人又问："那你妈妈在家吗?"小丽不耐烦地说："不在!"说着把挂在脖子上的钥匙一甩，又与小童玩耍起来。

那个人并没有走，而是紧紧地跟随在他俩后面。然而，小丽和小童却全然不知。两人有说有笑地来到家门口，当小丽准备用钥匙开门时发现，挂在脖子上的钥匙不见了。小童说："可能是咱俩玩儿的时候掉了，咱们回去找找，一定能找回来。"于是，两人返回找钥匙，在路上又遇到了那个男青年，只见他举着一把钥匙走过来对小丽说："这是你的钥匙吧? 我刚才捡到的。以后要小心，被坏人捡到就麻烦了。"小丽看到钥匙十分高兴，连忙说："谢谢叔叔!"然后，第二天，小丽家就被盗了。

警察在分析现场后得出的结论是：肯定是犯罪分子有家里的钥匙。原来那个"叔叔"趁小丽玩耍的时候从后面剪断了系钥匙的绳子，偷偷又配了一把钥匙，所以才很容易进入了小丽家。

我们虽然生活在一个太平祥和的氛围中，但也不能忽视社会上存在着假恶丑等阴暗的一面。生活中仍然存在着形形色色的危险，有很多是我们可以发现和能够尽量避免的。比如，上学、放学的路上，有时候我们可能发现被人跟踪，而跟踪往往是绑架、勒索、抢劫等危险事件的前奏。因此，我们有必要了解怎样避免被跟踪、跟踪后该处理解决。

当一个人走在回家的路上，偶然间无意回头，发现有人时隐时现总跟在后边，而当你注意他时，他却不自然地躲开；你走他也走，你停他也停，这表明你被坏人跟踪了。面对这种情况，你应该怎样做呢？

（1）不能惊慌失措，要镇静。

（2）迅速观察环境，看清道路情况，哪儿畅通，哪儿不通；哪儿人多，哪儿是单位。

（3）尽快到繁华热闹的街道，商场等地方，想办法摆脱尾随者。

未成年人要善于保护自己

（4）向路上大的机关单位求救，如去机关单位的值班室；向身边的大人求救；如果是在校门口，就给家里打电话，让大人来接。

（5）如果是比较繁华的街道，也可以正面相视，厉声喝问："你要干什么？"用自己的正气把对方吓倒、吓跑；如果对方不逃，可大声呼喊，引来行人。如果坏人不跑，那么你就要立即作出反应，自己跑开。

（6）如果被坏人动手缠住，除了高声喊，要奋起反抗，击打其要害部位，或抓打面部；你身上或身边有什么东西可用，你就用什么东西，制止坏人接触自己身体、侵害自己。

日常生活中，上学和放学的路上最好与同学结伴而行，遇意外时可以互相帮助。不要单独到荒凉、偏僻、灯光昏暗的地方。

7. 校外租房危险多

校外租房潜藏着不少危险。有的同学受到房东或社会上地痞流氓的欺负，有的同学因为脱离了家庭的约束而出入网吧、游戏厅，有的同学因点蜡烛看书而酿出火灾，有的同学在房东家吃饭造成食物中毒……

15 岁的小刘在镇中学读初三，为了中考能考出好成绩，他向家长提出在学校附近租房住，这样就省得每天往返十几米了。爸爸见他与几个同学都有这个意思，就同意了。

当时正是冬天，房东在每间屋子里都生了火。这天，天气很冷，小刘他们把门窗关得很严，没有及时通风。第二天一早，房东见小刘他们没按时起床，很奇怪，敲了几次门也没敲开。房东感到事情不妙，撞开房门，见几个学生都昏迷不醒——原来他们都煤气中毒了。房东赶忙叫人帮忙把他们送到医院，由于抢救及时，几个学生保住了性命，但家里为此花了不少钱，学生也耽误了功课。

家与学校之间的距离，似乎成了中学生在外租房很充分的理由。学生嫌家远，骑车或者坐车上下学太辛苦，尤其是冬季。此外，有的学生尽管学校有宿舍，但他们却嫌宿舍太拥挤、太吵，不利于学习；还有的则认为自己长大了，不愿让家长和老师处处约束自己；个别学生则为了摆阔而在校外租房住。

但是，中学生校外租房住，到底都干些什么呢？某市教委曾做过一个中学生校外租房的专项调查，结果令人担忧：在校外租房的中学生中，有高达50%以上的学生沉迷于游戏机，甚至看黄色录像、酗酒、赌博等。而据《人民法制报》报道，

校外租房要不得

目前中学生租房主要为以下几种情况：一是为了潜心读书占10%；二是"阔少"摆阔占5%；三是为了"自由与宽松"占85%。

近年来，更值得注意的一个现象是，中学生"租房一族"男女同居现象严重。一所中学的班主任老师曾亲眼见到本校的一位女生和外校的男生放学不回家，去了离学校不远的一栋居民楼。据新闻报道，一对16岁的男女高中学生校外租房同居导致女生怀孕，双方父母得悉后均表示强烈反对，但处于热恋中的中学生却逆反而行，最后竟然双双辍学并生下了孩子。

"法官妈妈"尚秀云曾向媒体讲过一起她处理过的案件：一名初三学生还没有毕业就因犯故意伤害罪走进了监狱。导致这一恶果的重要原因就是因他租房引起的。

这名初三学生叫侯立（化名），学习不拔尖但也榜上有名，乐于助人的他还被学校评为优秀班干部。但是侯立的家距离学校比较远，上下学正赶上交通拥堵，在路上需要花很多时间。初三正是学习的关键时刻，在侯立的再三请求下，父母给他在学校附近租了一间房子。

起初，父母也不放心他自己住，但侯立说班上也有同学租了房子，都挺好的。父母也确实太忙了，路途又远，想想通讯又发达，可以随时联系，隔

三差五再去看看，周末要求他必须回家，于是也就答应了，一是确实可以节省时间，二来也想锻炼孩子的自主生活能力。

这一答应至今让侯立的父母后悔。因为十五六岁的孩子都好扎堆儿，时间一长侯立的房间竟然演变成同学们学习聚会的场所。令人担忧的事情终于发生了。一天，侯立和几个同学做完作业还早，他们就买了几瓶啤酒和凉菜一块放松。借着酒劲又唱又闹到深夜，惹恼了邻居。面对着气冲冲找上门来的邻居，喝了酒的侯立火气也上来了，看着邻居想动手，他回头抄起水果刀就扎向了邻居前胸，邻居虽经抢救脱离生命危险，但却被法医鉴定为重伤。

尚秀云说，当前社会中确实存在一些不利于青少年健康成长的因素，中学生在无人监护的情况下极易沾染不良风气，久而久之难免走上歧途。

血的教训警示我们校外租房是十分危险的。为了保护未成年人的健康成长，预防未成年人犯罪法规定，父母不得让未满16周岁的未成年人脱离父母单独居住。法律的这项规定，既是对家长的要求，也是未成年人自我保护的一个内容，作为中学生，我们一定要遵守法律规定，不要在校外租房居住。

8. 宿舍楼着火了

2007年10月24日凌晨5点20分左右，湖南省岳阳市第十一中学一电脑机房忽然起火，大火烧穿楼板，扑向一墙之隔的女学生宿舍大楼窗户。岳阳特勤消防中队和学校保卫处人员紧急联手，疏散出尚在睡梦中的数百学生。

起火的机房面积约100平方米，砖木结构，里面摆放着数百台教学电脑和桌椅等易燃物品。2台消防车接警后火速赶到现场时，迅速蔓延的明火已经将机房的吊顶烧塌，火苗正从隔墙处缝隙直逼女宿舍。明火已引燃了3米外的一座5层楼学生宿舍楼外晾晒的衣物和雨棚，浓烟因"烟囱效应"开始朝楼道里猛扑。

宿舍里住着200多名高二班的学生尚在睡梦中，如不及时疏散后果不堪设想。岳阳消防等勤中队一组官兵逼近已成一片火海的机房，用高压水枪喷射水柱灭火。与此同时，另一组官兵佩戴空呼装备，顶着浓烟冲进学生宿舍楼，逐一敲打宿舍门，唤起睡梦中的学生并指挥他们弯着腰紧急从消防通道撤出宿舍楼。

早晨6点10分，大火被彻底扑灭。200余名学生被成功疏散至安全区域，无一人伤亡。

同学们，当你被熊熊大火围困在火场中的时候，你能想办法脱离险境吗？一旦遇到这种情况，千万不要慌乱拥挤、盲目外逃，要在老师的带领下有组织地疏散：

（1）沿疏散通道朝楼下跑。如果人员所在楼层以下的楼梯已经被烟火封阻，应当根据具体情况决定逃生方式。当有通向屋顶的通道且离屋顶较近时，可以跑到屋顶，等待救援；当离屋顶较远或无法通向屋顶时，可躲到可燃物少、受烟火威胁较

学生应掌握火灾逃生方法

小、有新鲜空气的房间，将该房间朝向烟火一面的所有门窗关闭，用湿布堵塞孔洞缝隙，并向门窗浇水冷却，等待救援。

（2）可以打破楼梯间的窗户玻璃，向外高声呼救，让救援人员知道你的确切位置，以便营救。

（3）如果宿舍在 2 层，可以在老师的保护下，用绳子从窗口降到安全地区。

（4）发生火灾时，不能乘电梯，因为电梯随时可能发生故障和被火烧坏。

逃生过程中谨防烟雾中毒：

（1）如果楼道被烟火封死，就立即关闭室内通风孔，防止进烟。

（2）用湿毛巾封住口鼻，防止吸入毒气，并采用弯腰的低姿势，逃离烟火区。

逃离险境要符合科学

（3）平房学校可以从没有火情的窗户外逃生。

（4）离开屋子后，探明着火方位，朝逆风方向快速离开火灾区域。

遇到火情不要慌乱，一切行动听从老师指挥，采用正确的方法逃生。同学间要互相照顾，大同学要照顾年小体弱的同学，帮助残疾同学。

9. 正在上课，突然地震

2008 年 5 月 12 日 14 点 28 分，在四川省汶川县发生了一场特大的里氏 8.0 级地震，在四川儿童活动中心临时的儿童救助站里，勇敢的林浩和姐姐、妹妹待在一起。地震那天，只有 9 岁半的林浩在校舍倒塌之后，从倒塌的走廊上背出了两名昏迷的同学，而他在救同学时也受了伤。

林浩在映秀镇渔子溪小学读二年级。据林浩自己介绍，地震发生的那一刻。他正走在教学楼的走廊上，被上面滑落下来的两名同学砸倒在地。"我使劲爬，使劲爬，终于爬出来了。我就转身把她背出去了。背出去交给校长，校长又把她交给她妈妈背起来了。后来我又爬回去，又把另外一个男同学背出来交给了校长，他也被父母背走了。"林浩向记者讲述自己救人经过的时候显得非常镇定。林浩说："我背得动他们，我开始爬出来的时候，身上没有伤，后来爬进去背他们的时候才受伤的。"林浩就读的渔子溪小学只有 31 名学生，在地震中有十几人逃生。这当中就包括林浩背出来的两名同学。

救出同学后，林浩一直没有找到自己的父母，他 14 岁的姐姐很快找到了他，同时他的妹妹也跟他们在一起。他们开始与映秀镇转移的群众一起朝都江堰走。"我们在路上走 7 个多小时，走的全部是小路。"林浩说起艰辛的 7 个小时显得轻描淡写。

在被救助后，林浩被送到成都市儿童医院进行了检查，他只是额头和右手有些擦伤。

还有一个故事发生在都江堰聚源中学：谢屿事发时正在三楼上化学课，地震突袭，他马上钻到课桌下面躲藏。然后轰的一声，他脚下一空就落了下去。谢屿被埋在废墟下，一条横梁砸下下来，幸而被桌子挡住。只是他周围的空间已经密闭，空气越来越少，他感到胸闷，呼吸困难。谢屿开始用手摸索，终于找到一处较软的沙石，便用手使劲抠挖，幸运地挖开了一个直通外面的小洞，不仅可以通空气，还让他有机会将手伸出废墟外，最终被救援者发现。

上面的故事告诉我们，懂得一些避震和在地震中求生的知识对于保护自己是至关重要的。如果发生地震时，你正在教室里上课，到底要怎么办呢？

就地避震是上策，而任课教师则要临时承担组织指挥者的责任。遭遇地震时，正在上课的教师们应立刻向学生们大喊卧倒！躲到书桌下！别动！卧着别动！等命令。要不停地喊叫直到震动完全停止。

教师要大声喊叫，是因为地震会产生巨大的噪声，并且不停的指示可以保证在一定程度上控制局面。这能使教师和学生觉得自己能够应付这一切，这样就有可能减少惊慌。震时这样做的好处是，教师的沉着和坚定会产生一种信任感，那些常常由惊慌而导致的可怕的灾难也会因此避免。

蹲在课桌下！卧着别动！教师发出的这个命令对正在上课的少年儿童和年轻人在地震中应当怎样做，是非常有用的。

蹲下的姿势是手和膝，以使自己能躲到桌子或写字台下而将一个胳膊弯起来护住眼睛不让碎玻璃击中，另一只手抓紧桌腿或写字台的一边。在家具下的另外一个安全姿势是静坐入定在家具下面，使双手都能自如地抓住写字台或桌子的腿。

教室避震就近藏

地震时在一把椅子或排椅之间蹲下也是安全的姿势。在学校中某些书桌实际上是扶手上带有一块写字板的椅子，高中生或大学生实际上是躲不到书桌下面的，但他们却可利用排椅自己。在大型课堂，排椅提供了一个非常好的藏身之地，学生们可以躲到座位下，也可躲在排椅之间。

如果地震时被埋压在废墟下，周围又是一片漆黑，只有极小的空间，那么一定不要惊慌，要沉着，树立生存的信心，相信会有人来救你，要千方百计保护自己。

在这种极不利的环境下，首先要保持呼吸畅通，挪开头部、胸部的杂物，闻到煤气、毒气时，用湿衣服等物捂住口、鼻；避开身体上方不结实的倒塌物和其他容易引起掉落物体；扩大和稳定生存空间，用砖块、木棍等支撑残垣断壁，以防余震发生后，环境进一步恶化。

设法脱离险境。如果找不到脱离险境的通道，尽量保存体力，用石块敲击能发出声响的物体，向外发出呼救信号，不要哭喊、急躁和盲目行动，这样会大量消耗精力和体力，尽可能控制自己的情绪或闭目休息，等待救援人员到来。

10. 其实"笔仙"不神奇

中学生王某和李某面对面坐下，两人的手紧贴在一起，夹住一支铅笔，将笔垂直悬在半空。

"前世，前世，我是你的今生，若要与我续缘，请在纸上画圈。"两人一起念着"咒语"。

许久，笔竟然开始动了起来，颤颤悠悠地，在白纸上画出不规则的圆圈。

"'笔仙'，'笔仙'，是你来了吗?"王某问。

笔尖缓缓地向"是"字挪去。两人都睁大了双眼……

一段时间以来，王某和李某每天都在玩这个"请笔仙"的游戏。这是一个在中学生中盛行的游戏。从"男朋友是谁"到"几岁结婚"，从"考试能不能过"到"将来挣多少钱"，甚至连"什么时候死"这样的问题，王某和李某都会请教"笔仙"。

然而，"笔仙"并没有给她们带来好运。不久，两人相继出现精神恍惚、注意力不集中的情况。李某学习成绩逐渐下降，变得不爱和同学交往，不愿和父母说话，后来发展到莫名其妙地哭，用刀子划自己手臂。家长意识到问题严重，赶紧把李某带到医院去看心理门诊。

所谓"笔仙"，按同名恐怖小说的介绍，就是在午夜时分，两个人各自伸出一只手来，共同握住一支笔，让笔尖立于纸上，然后就可以召唤"笔仙"，向其问各种问题，笔就会动起来，通过写字或者画画，回答提问者的问题。近年来，请"笔仙""碟仙""筷子仙""镜仙""手仙""台仙"等各种各样的"仙"在

不要盲信"笔仙"

部分学生中流传。很多学生在学习、生活或心理上出现了问题，往往选择求助于"某仙"。至此，各种"仙"酿成的悲剧越来越多。

2004年就曾发生过这样悲惨的一幕：由于迷信"笔仙"游戏，北京某中专学校的两名花季少女张英（化名）和李娜（化名）时常一同感叹生活毫无意义。最后，应张英的要求，李娜竟然杀死了张英。

那么，到底为什么学生们会如此迷恋，甚至为它杀人、自杀呢？

经过对"笔仙游戏"的仔细分析，我们可以发现这个游戏无非是利用了两个原理：

第一个原理：晃动原理。大家知道，我们的手抬高到一定程度之后，时间久了就会晃动，谁的手都不可能停在那儿一下不动。这也是为什么笔会自己"动"起来的原因。

第二个原理：心理暗示原理。玩"笔仙"的时候，人的手腕和手臂保持悬空，需要不断克服地心引力，否则会向一侧倾倒，不断克服倾倒就会形成循环动作，这就是笔会画圈的基本道理；同时，由于下意识动作，游戏者会在不知不觉中向目标靠拢，其中求仙者会在否定目标前显示迟疑，敏感的游戏者能觉察并向相应目标靠拢，直至出现"奇迹"。

有些地方流行的"碟仙""筷仙"和"钱仙"等迷信游戏，道理都与"笔仙"类似。下面我们再介绍几种迷信现象，帮助同学们了解一些骗人的把戏，希望大家以后避免上当受骗。

"镜仙"：有一种汉镜，表面发光，是2000多年前的东西，但是现在还能照出人影。考古学家发现，有的汉墓出土的汉镜很有特点。坟墓里一片漆黑，但镜子里却有一束光。镜子正面没有文字，背面有字。在光线的照射下，镜子背面的字就能显示在墙上，于是人们就认为有神灵在里边。实际上，这是我们祖先在制造镜子的过程中，应用了光学里的透光镜原理。

"火镰"：我国古代有一种打火机叫火镰。火镰上面一般装饰着红珊瑚、绿松石，里边装着火纸。需要使用的时候就把它打开，然后去敲击它，一打就打出火星来了，因为里面装着火纸，火星碰到上面，就可以引起火来。因为古代人对火是很崇拜的，后来就演化到家家户户都有灶王爷，古代人崇拜火和古代西方人崇拜太阳神是一样的。现在也有利用这个比较少见的东西蒙人的。对此，大家要提高警惕，避免上当受骗。

"血腥玛丽"："血腥玛丽"原来是一个鬼魂的名字，也是西方一种通灵游戏。据说独自走进一间黑暗的浴室，通过点蜡烛、念咒语等一系列动作，就能召唤到"血腥玛丽"，其描叙十分恐怖。自从20世纪70年代开始，这个游戏便在行其道。一般人认为"血腥玛丽"是一个镜子巫婆，因为使用妖术，在100年以前被判绞刑处死；也有另一种说法，说她死于车祸，并且遭到毁容，所以在召唤她的时候，她总会夺取年轻少年的美貌。而实际上，这些都是传说，如果胆小或意志薄弱的人很容易在自己营造的恐怖氛围中产生幻觉，这就是所谓"血腥玛丽"的真相。

希望同学们不要玩这些游戏，远离它，因为它们百害而无一益。同学们在日常生活中可以多看一些科普方面的书，这不仅可以用科学知识武装我们的头脑，还可以让我们的生活变得多姿多彩，封建迷信自然就不会再有市场了。

11. 泳池游泳也要防意外

据教育部等单位对北京、上海等 10 个省市的调查显示，目前全国每年有 1.6 万名学生非正常死亡，平均每天约有 40 多名学生死于溺水、交通或食物中毒等事故，其中溺水和交通仍居意外死亡的前两位。溺水是游泳或掉入水坑、水井等常见的意外事故，一般发生溺水的地点在：游泳池、水库、水坑、池塘、河流、溪边、海边等场所。在溺水者当中，有的是不会游泳的人，也有的是一些会游泳、水性好的人。

2008 年 7 月 20 日中午 12 点 20 分许，家住上海市杨浦区长阳路的 9 岁男童成成（化名）向某浴场购买游泳票后，与同学一起进入该浴场位于眉州的游泳池。该池长约 21.50 米、宽约 10.50 米，浅水深约 1.05 米、深水深约 1.60 米，当时游泳池边有一名救生员。因成成未穿泳裤，救生员劝他退场。但在十几分钟后，成成却被其他泳客发现在水面下溺水。听到呼救后，救生员跳入泳池将成成救出进行急救；后经医院抢救，成成终因溺水致多脏器功能衰竭，于 7 月 22 日不幸死亡。经勘察，成成溺水处一侧泳池有直径约一米水泥柱一根，救生员当时于泳池另一侧观察，视线受阻。

游泳是磨炼人的意志、锻炼身体的良好方法，但游泳也有禁忌。如果我们在上游泳课的时候不注意一些事项，也很有可能会发生像上述案例中的惨剧。

（1）选择合身的游泳衣裤。游泳衣裤必须合身，如果太大，在游泳时容易兜水，以致加大身体负重和阻力，影响游泳动作。

（2）空腹或饱腹都不宜立即去游泳。空腹游泳会影响食欲和消化功能，也会在游泳中发生头昏乏力等意外情况；饱腹游泳亦会影响消化功能，还会产生胃痉挛，甚至呕吐、腹痛现象。

游泳要注意安全

（3）剧烈运动后不要游泳。剧烈运动后马上游泳，会使心脏加重负担；体温的急剧下降，会抵抗力减弱，引起感冒、咽喉炎等。

（4）不要在池边跑步、推拉、跳水等危险动作，避免不慎滑落到水池。

（5）入水前要做好准备活动。水温通常比体温低，因此，下水前必须做准备活动，否则易导致身体不适感。

（6）游泳时，不要做老师未规定的动作及不得离开教师视线，以维护自身安全。

如果在游泳池里发生意外，一定要懂得自救：

游泳要量力而为

游泳时若手指抽筋，可握紧拳头然后用力张开，迅速反复多做几次；若小腿或脚趾抽筋，先吸一口气仰浮水上，用抽筋肢体对侧的手握住抽筋的脚趾，并用力向身体方向拉，帮助抽筋腿伸直；大腿抽筋，可同样采用拉长抽筋肌肉的办法解决。

12. 小心运动损伤

李力是个初一的学生，课间看到学校的足球比较空旷，于是就跑过去。当他看到足球门的时候，忍不住跳上去练起了单杠——他把足球门当作单杠来使用了。突然，足球门倒塌，李力被砸在了足球门下面。后来才知道，原来足球门是活动式的，四角没有固定，当他当作单杠使用时，足球门的重心发生了偏移，倒下后砸伤了他。

进行体育锻炼是好事，但运动时一定要注意安全。如果在运动中受到损伤，那就得不偿失了。体育运动中，造成人体组织或器官在解剖上的破坏或生理上的紊乱，称为运动损伤。一般情况下，发生运动损伤的原因很多，主要原因有：

小心运动损伤

（1）认识不足，措施不当。对运动损伤预防的重要性认识不足，未能积极地采取有效的预防措施，易导致运动损伤的发生。

（2）准备运动不足。不做准备活动就进行激烈的体育活动，易造成肌肉损伤、扭伤；准备活动敷衍了事，在神经系统和各器官系统的功能尚未达到适宜水平；准备活动的内容不得当；过量的准备活动致使身体功能不是处于最佳状态而是有所下降。不良的心理状态：如缺乏经验、思想麻痹、情绪急躁；或在练习中因恐惧、害羞而产生犹豫不决和过分紧张等。

（4）体育基础差、身体素质差，或动作要领掌握不正确，一时不能适应体育活动的需要，或不自量力，容易发生损伤事故。

（5）不良的气候变化。如过高的气温和潮湿的天气，导致大量出汗失水；在冰雪寒冷的冬季易发生冻狚或其他损伤事故。

对临床上的青少年运动伤害情况做的统计显示，除无法预料的脑伤害外，膝关节伤害占了一半，踝伤害占了30%，其余的是骨骼肌肉伤害、暑天脱水伤害等。这些伤害无一例外都是不适当的运动方式所致。了解一些体育运动的相关安全预防措施，可以有效避免许多不必要的损伤和意外。那么，如何做好安全预防工作呢？

（1）注意衣着，适当增减衣服。体育锻炼时，衣服要宽松，不应穿带有口袋的制服，身上不要佩带金属徽章、别针、小刀和其他尖利或硬质物体，女生不得穿高跟鞋、男生不得穿皮鞋，要穿运动服和无跟软底鞋患有近视眼的同学，如果不戴眼镜可以上体育课，就尽量不要戴眼镜。如果必须戴眼镜，做动作时一定要小心谨慎。做垫上运动时，必须摘下眼镜。

（2）使用运动护具。各种关节护具如足关节的护踝、肘关节的护肘、保护腰椎的腰带以及健美裤等，能够在人们的竞技运动乃至平日的体育健身活动中，为关节及肌肉分担外来的压力和冲击。而关节则是运动中最容易损伤的部位，还有关节的过伸或过屈都有可能对肌腱造成损伤，所以适当佩带运动护具能在很大程度上避免关节受损和肌腱过度拉伸。例如，打篮球时戴上护腕、护膝、护踝，踢足球时戴上护腿板，打网球、羽毛球、乒乓球时戴上护肘、护腕都是很好的运动损伤防护措施。

（3）做好、做足运动前的准备活动。准备活动是进行一切练习前的必备部分，只有充分地做好、做足准备活动才能更有效地降低运动损伤的发生。运动前的准备还包括要仔细研究体育器械，掌握相关体育器械的使用常识，这样才能安全地进行锻炼，并取得好的效果。

（4）运动时适当补充水分。夏天青少年运动最常见的损伤是由于脱水引起的中暑、肌肉痉挛以及其他损伤。每年世界夏季马拉松比赛，总有参与者因为脱水导致伤亡。白开水和矿泉水解"口渴"，但不及淡盐水解"体渴"。建议青少年夏季运动前后可以喝一点淡盐水补充钠离子，另外不妨在淡盐水中再加少量的糖以补充能量。此外，要避免在烈日下进行长时间剧烈运动。

（5）学会运动中的保护性动作。比如，当身体失去平衡时，运动者应立即或向前、或向后、或向左、或向右跨出一大步，以保持平衡。又如，人从高处跳下时，要用前脚掌先着地，同时屈膝缓冲。再如，进行健美活动、"功夫"健身者，切忌"硬拉"、"深蹲"，以防损伤相应部位的肌肉群。

（6）掌握适宜的运动"度"和"量"。普通人应以有氧运动锻炼为主，一般运动锻炼可以每周3～5次，每次20～30分钟。但要注意的是，在任何锻炼活动中，单个动作重复次数不宜过多，一个肢体或关节不要过久地做同一动作，尽量不做过屈或过伸的动作，以免造成关节损伤。普通人有氧锻炼活动强度的简单观察方法是，如果在锻炼活动中说话困难了就说明强度有些大，可以调整；而感觉呼吸困难了，就说明运动强度已过大要减小运动强度。

（7）做好运动后的放松活动。运动后放松与运动前准备一样重要，肌肉在练习过程中高度紧张后需要及时地放松从而获得休息。具体做法可以用音乐放松法、意念放松法等。

13. 运动损伤的急救

运动损伤会给伤者造成许多不必要的痛苦，严重者甚至导致终身遗憾。所以，下面介绍几种常见损伤的应该处理方式，以备同学们不时之需：

（1）皮肤的表皮擦伤。如果擦伤部位较浅，只需涂红药水即可；如果擦伤创面较脏或有渗血时，应用生理盐水清创后再涂上红药水或紫药水。

（2）扭伤。由于关节部位突然过猛扭转，拧扭了附在关节外面的韧带及肌腱所致。多发生在踝关节、膝关节、腕关节及腰部，不同部位的扭伤，其治疗方法也不同。

包扎处标志

重度扭伤处理：应先止血、止痛。可把受伤肢体抬高，用冷水淋洗伤部或用冷毛巾进行冷敷，使血管收缩，减轻出血程度，减轻疼痛。不要乱揉私心动，防止增加出血。然后在伤处垫上棉花，用绷带加压包扎。受伤48小时以后改用热敷，促进淤血的吸收。

（3）肌肉拉伤。指肌纤维撕裂而致的损伤。主要由于运动过度或热身不足造成，可根据疼痛程度知道受伤的轻重，一旦出现痛感应立即停止运动，并在痛点敷上冰块或冷毛巾，保持30分钟，以使小血管收缩，减少局部充血、水肿。切忌搓揉及热敷。

（4）挫伤。由于身体局部受到钝器打击而引起的组织损伤。轻度损伤不需特殊处理，经冷敷处理 24 小时后可用活血化瘀叮剂，局部可用伤湿止痛膏贴上，在伤后第一天予以冷敷，第二天热敷。较重的挫伤可用云南白药加白酒调敷伤处并包扎，隔日换药一次，每日 2~3 次，加理疗。

（5）关节脱位。一旦发生脱臼，应立即停止活动，更不可揉搓脱臼部位。如脱臼部位在肩部，可把肘部弯成直角，再用三角巾把前臂和肘部托起，挂在颈上，

及时包扎好处多

再用一条宽带缠过脑部，在对侧脑作结。如脱臼部位在髋部，则应立即躺在软卧上送往医院。

（6）肌肉酸痛。刚开始跑步的人，通常都会感到大腿和小腿的肌肉酸痛僵硬，只要在洗完澡之后，涂擦缓解药膏按摩，就可以很快地恢复，渐渐习惯跑步之后，肌肉的疼痛也自然会不再出现。训练过度也会引起肌肉疼痛，这时应该要缩短跑步的距离，或考虑先暂停这项运动。小腿肌肉酸痛，属于运动中的正常生理现象。肌肉收缩产生能量的同时，肌肉内也发生着一系列变化，三磷酸腺苷、磷酸肌酸、糖原分解放能。若强度过大，血液循环跟不上，氧气供应不足，乳酸堆积，将刺激神经系统，引起疼痛。处理的方法有：热水烫脚、按摩、洗腿。

（7）出血、骨折。出血和骨折属于比较严重的运动损伤。一旦出现，在对受伤部位进行紧急处理后，应立即送医院救治。

如果肢体被割伤、戳伤后导致出血，主要可通过以下方法紧急处理：

抬高肢体，使出血部位高于心脏；简单清洗伤口，然后用绷带挤压包扎；手脚、小臂或小腿发生出血时，可弯曲肘关节或膝关节并加棉垫，然后用绷带作"8"字形包扎。

常见的骨折分为两种，闭合性骨折和开放性骨折。发生骨折后，应首先用纱巾对伤口做初步固定，再用担架或平木板固定患者送医院处理。注意运送伤者过程中尽量不挪动骨折部位。

14. 眼睛受伤了

嘉兴一所学校的一个初三学生吴某，在上一节体育课的时候，她和同学在打羽毛球。可是没有想到，在一次击球的时候，羽毛球不小心击中了她的左眼球。因为当时的力度比较大，马上就觉得眼睛剧烈疼痛，看东西很模糊。老师和家长赶紧把她送到了医院。

医院里负责给吴某治疗的医生说道，当时吴某眼球钝挫伤，伴随前房积血。经过处理后，积血现象已经明显好转，但是外伤导致了激发性青光眼。虽然眼压已经控制住了，但会留下眩光的后遗症。

就在同一所医院的另一个病房里，有一位同是初中生的钱同学，他在某天中午时因为一点小事情，与隔壁班的同学扭打在一起，对方一拳头打在他右眼上，钱某的眼睛也出现了前房积血。据医生介绍，前房积血是临床症状里面最轻的，但是它除了会引起激发性青光眼外，还可能引起晶体脱位和玻璃体积血，这些都是很危险的，即使治疗好了，也会留下后遗症，严重影响视力。

现在，医院的眼科经常收治眼部受伤的在校学生，而且受伤的原因都差不多，很有典型性。受伤最多的是球类运动，其次学生之间课余的玩闹争吵引起的眼睛受伤也占了很大的比例。还有一类就是危险物品引起的，比如玩具枪、手工课上的剪刀、鞭炮。

学生应该有注意保护眼睛的意识，因为眼睛乃心灵的窗户，学生应该爱护自己的眼睛，养成良好的用眼卫生习惯。并且要做到不玩那些危险的游戏，如用树条、竹竿、玩具刀等尖锐物互相打闹，也不要玩弹弓和能够射出弹丸的玩具枪这些东西最容易误伤眼睛，伤了自己或伤了别人都是一种灾难。

那么，一旦眼睛受了外伤该如何应急处理呢？

（1）要保护好眼球。如眼睛被硬物击伤，家长要观察明确，及时处置。可用杯子盖、小碗等物品罩于伤眼之处，再用纱布等轻轻包扎，尽快去医院。

（2）千万注意，不管眼睛被什么东西所伤，一不要胡乱清洗，一清洗反而造成了感染。

（3）不要对仍留在眼内的异物如尖刺、针头等随意取出，因为一取出便会引发流血或更大疼痛，不是在医院条件下没办法止血或处置。

（4）要做好途中护理。儿童眼伤包扎之后应马上去医院，最好让儿童平卧，由家长护理乘车前往。途中要使儿童安静，保持头部平稳。保持眼球不转动、不受震荡，对于幼儿要防止因疼痛以手抓眼，加重伤害。

（5）如果眼伤严重，眼球掉出眼眶之外家长千万不要试图将眼球送回眼眶。这样只能适得其反，加重伤害。因为眼球后面连着血管、神经。不是医生，不在医院里，任何企图使眼球复位的措施都是愚蠢的、可怕的，唯一的办法仍是使患儿平卧，用小碗等扣于伤眼之上，以对伤眼加以保护，然后轻轻包扎，送往医院。

眼睛受伤以后，除了进行紧急护理和医院治疗外，还需要后期长期的呵护，因为眼伤的恢复是一个长期的过程。在眼伤的后期恢复中，不能忽视"食疗"的作用，要注意使用一些有益于眼睛的食物，如深绿色蔬菜、青花菜、青江菜、青椒、胡萝卜、木瓜、番石榴、柑橘、柠檬、牛奶、蛋黄、瘦肉等。

除了眼睛受到明显的外伤外，生活中也会经常出现眯眼睛的情况。如果小孩子眯了眼睛，处置上一定要掌握技巧，如果处理不好或不及时，将会对眼球产生伤害。处理眯眼的方法主要有：

（1）水冲。可由家长用容器盛水从眼睛一侧向另一侧缓缓冲洗。一般灰尘眯眼即可冲掉，也可由孩子自己将头歪于自来水龙头之下慢慢放水冲洗，还可以用脸盆盛满水，将眼睛伸入水中轻轻洗或反复眨眼，都可奏效。

（2）棉球擦。如果冲洗不方便可用洁净棉球沾水，翻开眼皮，看准眼内异物轻轻拨擦即可将灰尘沾出来。

（3）舌舐。如果经冲洗仍无效。可由家长将舌头探入孩子眼内将异物舐出来，舌头很敏感，有口水，一般小灰尘都能舐出来，这个办法许多年长妇女都很拿手的。须注意的是，孩子眯眼之后不要盲目乱揉一气。这样容易将异物揉进眼球更难以处理。

15. 认识传染病

2002年11月，山东沂濛山区的一所农村小学发生了一起皮疹暴发事件。经医生证实为水痘暴发。该小学共有学生166人，发病人数为41人，发病人数中寄宿生33人，走读生8人。首发病例的发病时间是2002年10月20日，但由于山区各方面条件较差，所以未能引起足够重视。而后，在11月7日至11月20日陆续发生40例皮疹病人。多数出疹病例无发热等症状，少数病例出现低热，于当天或第二天即出现红色斑疹，继而变为疱疹搔痒。体检发现，皮疹为米粒大小，直径约4~5毫米，多见于躯干、头部及四肢近端，呈向心性分布，皮肤无刺痛或灼热感，淋巴结无肿大、疼痛。因此，将之确认为水痘暴发。

调查发现，本次水痘暴发的主要原因是学生住宿条件较差，卫生环境不达标。但另一个不容忽视的原因是，学生没有养成良好的卫生习惯，并缺乏对传染病的了解和认识，卫生意识淡薄。因此，对同学们进行健康教育，提高自我保健能力，养成良好的卫生习惯是很有必要的。

传染病是由病原体（细菌、病毒等）引起的，能在人与人、动物与动物或人与动物之间相互传染的疾病。它是许多种疾病的总称。如麻疹、猩红热、痢疾、伤寒、流行性脑脊髓膜炎、流行性乙型脑炎等都属于传染病。

传染病与其他疾病不同，其主要特征有：

（1）有病原体：每种传染病都有其特异的病原体，包括病毒、立克茨体、细菌、真菌、螺旋体、原虫等。

（2）有传染性：病原体从宿主排出体外，通过一定方式，到达新的易感染者体内，呈现出一定传染性，其传染强度与病原体种类、数量、毒力、易感者的免疫状态等有关。传染病病人必须隔离治疗。

（3）有流行性：可零散发生，或暴发流行，或大面积流行；地方性：由于地理条件、气候条件、生活习惯等因素造成；季节性：主要由气温条件和昆虫媒介的存在而造成。

（4）有免疫性：传染病痊愈后，人体对同一种传染病病原体产生不感受性，称为免疫。不同的传染病、病后免疫状态有所不同，有的传染病患病一次后可终身免疫，有的还可感染。比如天花、麻疹、水痘等疾病，一次患病，终生免疫。相反，患感冒、痢疾等疾病后，常易再次感染。

病原体从传染源排出体外，经过一定的传播方式，到达与侵入新的易感者的过程，谓之传播途径，分为以下几种传播方式。

（1）水与食物传播。病原体借粪便排出体外，污染水和食物，易感者通过污染的水和食物受染。菌痢、伤寒、霍乱、甲型毒性肝炎等病通过此方式传播。

（2）空气飞沫传播。病原体由传染源通过咳嗽、喷嚏、谈话排出的分泌物和飞沫，使易感者吸入受染。流脑、猩红热、百日咳、流感、麻疹等病，通过此方式传播。

学生应提防传染病

（3）虫媒传播病。原体在昆虫体内繁殖，完成其生活周期，通过不同的侵入方式使病原体进入易感者体内。蚊、蚤、蜱、恙虫、蝇等昆虫为重要传播媒介。如蚊传疟疾、丝虫病、乙型脑炎、蜱传回归热、虱传斑疹伤寒、蚤传鼠疫、恙虫传恙虫病。由于病原体在昆虫体内的繁殖周期中的某一阶段才能造成传播，故称生物传播。病原体通过蝇机械携带传播于易感者称机械传播。如菌痢、伤寒等。

（4）接触传播。有直接接触与间接接触两种传播方式。直接接触传播指传染源与易感者接触而未经任何外界因素所造成的传播。比如，性病、狂犬病、鼠咬热等。间接接触传播又称日常生活接触传播，是指易感者接触了被传染源的排泄物或分泌物污染的日常生活用品而造成的传播。被污染的手在间接接触传播中起着特别重要的作用。比如，接触被肠道传染病患者的手污染了的食品，经口可传播痢疾、伤寒、零乱、甲型肝炎；被污染的衣服、被褥、帽子可传播疥疮、癣等；儿童玩具、食具、文具可传播白喉、猩红热；洗脸用被污染的毛巾可传播沙眼、急性出血性结膜炎；便器可传播痢疾、滴虫病；动物的皮毛可传播炭疽、布鲁菌病等。

（5）土壤传播。土壤受污染的机会很多，比如人粪施肥使肠道病病原体或寄生虫虫卵污染土壤，如钩虫卵等；某些细菌的芽孢可以长期在土壤中生存，比破伤风、气性坏疽等，若遇皮肤破损，可以经土壤引起感染。

经土壤传播的病原体的意义大小，取决于病原体在土壤中的存活力、人与土壤的接触机会及个人卫生习惯。皮肤伤口被土壤传染易发生破伤风和气性坏疽；赤脚下地在未加处理的人粪施肥土地上劳动，易被钩蚴感染；儿童在泥土中玩耍，易感染蛔虫病。

病原体、传播途径、易感人群是疾病传播的三个重要环节，缺少任何一个环节，传染病就不可能传播或流行。当一种传染病在人群中间流行时，我们只要切断其中任何一个环节，就能控制这种传染病的继续传播。

16.　传染病的预防

2004 年 11 月以来，安徽省芜湖、合肥、安庆等地先后发生由 C 型脑膜炎球菌引起的流脑疫情，并有数名患者死亡。这次流脑疫情中的"群体性"病例几乎都发生在学校。由于学校人口密集，活动集中，学生又缺乏相关的防范知识等原因，学校很容易成为诱发各种突发性公共卫生疾病的场所，并且容易引发传染、扩散。传染病的威力如此之大，那么我们在日常生活中，该如何有效预防传染病的发生呢？

最经济、最有效的预防传染病的措施预防接种。免疫预防接种是通过接种人工制备的生物制品，使人体获得对某种传染病的特异免疫力，以提高个体和群体的免疫水平，预防和控制相应传染病的发生和流行。

预防接种是一种安全、有效、经济的预防传染病方法。但是，有极少数同学在接种后，会出现一些接种反应，如头痛、发热、恶心、呕吐和注射部位红肿疼痛等。这种现象一般出现在接种后 24 小时左右，过两天左右就会自然消失。如果接种反应加重，同学们应该立即报告老师或家长，以便及时请医生诊治。为了避免出现接种反应，有以下情况的同学暂不能进行预防接种：发热、患有急性传染病、哮喘、湿疹、荨麻疹等。同学们打过预防针后，要注意适当休息，不要做剧烈运动，不要吃辣椒等刺激性食物，以免发生接种反应。

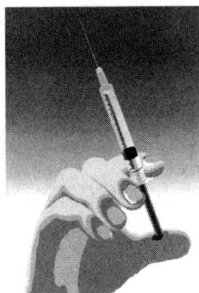

接种疫苗很关键

除此之外，我们在日常生活中还应注意以下几点：

（1）定时打开门窗自然通风。可有效降低室内空气中微生物的数量，改善室内空气质量，调节居室微小气候，是最简单、行之有效的室内空气消毒方法。学校也会有计划的实施紫线灯照射及药物喷洒等空气消毒措施。

（2）养成良好的卫生习惯，是预防春季传染病的关键。要保持学习、生活场所的卫生，不要堆放垃圾。饭前便后，以及外出归来一定要按规定程序洗手，打喷嚏、咳嗽和清洁鼻子应用卫生纸掩盖，用过的卫生纸不要随地乱扔，勤换、勤洗、勤晒

标准洗手方法

洗手要讲方法

衣服、被褥，不随地吐痰，个人卫生用品切勿混用。避免与他人共用水杯、餐具、毛巾、牙刷等物品。避免接触猫狗、禽鸟、鼠类及其粪便及排泄物，一旦接触，一定要洗手。

（3）注意休息和锻炼，增强免疫力。学习和玩耍时，要避免过度疲劳，要注意休息，以保证充足的睡眠。多到郊外、户外呼吸新鲜空气，每天锻炼使身体气血畅通，筋骨舒展，体质增强。

（4）身体不适时要及时就医。由于传染病初期多有类似感冒的症状，易被忽视，因此身体有不适应及时就医，特别是有发热症状时，应尽早

明确诊断，及时进行治疗。如有传染病的情况，应立刻采取隔离措施，以免范围扩大。

传染病的预防是一项非常重要的工作，做好此项工作可以减少传染病的发生及流行，甚至可以达到控制和消灭传染病的目的。

17. 苦涩的恋果

案例一：某卫校桂慧在信中诉苦说：16岁那年离开父母到了卫校，开始了独立生活，由于我初次在外生活，什么都不会，处处需要别人的照顾，他出现了，温柔体贴，又不失男子汉的风度，我们俩的关系越来越好。

在一个晚上，他吻了我，从此我的心就没平静过。我整天胡思乱想，成绩越来越差，他很着急，让我定下心来，可我却无法控制自己。期末考试了，我万万没想到我居然挂了两盏红灯笼。成绩一向很好的我落得如此地步，我后悔了。然而那颗少女的心却总是不能平静。一个寒假没过好，除了父母的责怪，还有自己内心的不安。新学期开始了，我打算抛开一切，认真学习，可没几天，与他的接触，又使我魂不守舍，没有心思学习了。

案例二：未满18岁的杨某与张某（男）同为洛阳市某重点中学高三学生，高一时，两人确立了恋爱关系，并多次发生性行为。后张某提出终止恋爱关系，杨某误以为张某"移情别恋"，绝望的杨某遂在市场上买来浓硫酸装在自己的水杯里。2004年10月23日21时，杨某找到被害人张某，发生争执，杨某手拿装有硫酸的水杯对张某说："真想泼到你脸上。"并拧水杯盖未能拧开，张某误以为杯中为饮用水，激动之下接过水杯，打开杯盖，将水杯中的硫酸倒在自己的头上，致使头、面、颈、躯干及四肢等部位被硫酸烧伤。

河南省洛阳市涧西区人民法院一审以故意伤害罪判处杨某（女）有期徒刑 10 年，并附带民事赔偿 20 多万元。

早恋是一朵带刺的玫瑰，我们常常被它的芬芳所吸引，然而，一旦情不自禁地触摸，又常常被无情地刺伤。从生理上说，青少年正处于青春发育期，从心理或思想上来说都属于尚未成熟的成长期。中学生思想敏锐、求知欲强、记忆力好，正是增长知识、

早恋有害

开发智力的黄金时期。早恋常会占去不少学习时间，使学生精力分散，影响学习和进步。有的中学生错误地认为："只要两个人志同道合，谈恋爱不会影响学习"，或者认为："相爱产生动力，促进两人学习"，这些都是极不客观的。实际上，早恋者往往以恋爱为中心，以对方为航向，感情为对方所牵制，学习没有不分心，成绩没有不下降的，许多早恋者两人交往虽然很隐蔽，之所以最终还是被家长、老师发现，主要的原因就是学习成绩下滑引起家长的注意，追问之下，道出实情。

早恋也常使学生的思想和情绪处于波动状态，给学生正常的学习和生活带来许多不良影响。青少年态度还不稳定，恋爱中容易产生矛盾，心理上不成熟、脆弱且耐受力差，容易在感情的波折中受到伤害。有的青少年因早恋爱挫怀疑人生，怀疑是否有真正的爱情，给自己的感情生活投下阴

影，影响成年后的婚姻生活。

青少年性意识萌发，对异性欲望强烈，容易激动，感情难以自控，行为容易冲动，容易凭一时兴致而不计行为后果，从而出现一些越轨行为，如婚前性行为、未婚先孕。这些行为一旦出现，会让当事者羞于见人，担惊受怕，即使当时不觉得怎样，但日后给她们造成的挫折感、自卑感是无法用语言来形容的，对成年后感情生活的影响，往往也是难以弥补的。

另外，早恋中的学生，有相当一部分同学对集体活动冷淡，与同学关系也逐渐疏远。

有早恋倾向或已经早恋的同学，应尽快地解脱出来。走出早恋的误区，应注意以下几个方面：

（1）分清友谊与爱情的区别。中学时期对异性产生好奇、感兴趣的心理是正常的。但过分夸大这种感受，有意识地去刺激助长这方面的情感是不可取的。

（2）对于有早恋倾向的同学，要做到斩断恋情。在适当的地方，在理智的情况下作深入的谈话。也可用书信的方式，因为书信比起面谈有较大的缓冲余地，措辞也能更冷静、得体。但不管用什么方式，都要防止引起对方的误会，以尽快使对方心悦诚服为目的。

（3）对于已经早恋的同学，要做到中断往来。由于恋爱所唤起的情感是强烈的，而中学生的理智和抑郁力相当有限，所以，要结束早恋，就应尽量避免两人单独在一起，暂时中止感情交流的一切渠道。经过感情的一段冻结过程，使理智对感情的控制成为习惯以后，再恢复正常交往，感情之树才不会故态复萌。

（4）在被困惑所包围的过程中，要学会转移情感。把时间和精力转移到紧张的学习和健康的课余爱好上去。多关心国家大事，多参加集体活动，多看一些文学名著、哲理性文章，多想想自己的进步，想想将来的事业，想想将来在复杂的社会里如何开拓和进取……这样，心胸和视野就会开阔，抱负就会远大，就会焕发出勃勃朝气，永远前进。

18. 被老师误解以后

上课铃已经响过了，一位女同学满头大汗地跑到老师面前，说："老师，我迟到了。"老师只说了句："8个俯卧撑！"她恳求道："可以让我课后补做吗？"老师板着脸说："大家都一样，迟到都要即时做俯卧撑。"女同学无可奈何，一边流着眼泪，一边在全班同学面前做完了俯卧撑。

课后老师了解到，原来这位女同学的肚子不舒服，下课上厕所时又因为人多而等着，拉肚子了！由于这件事情，这个女同学由原来的合群开朗变得孤僻起来，怕见老师，怕上体育课。

正在上课的时候，张同学举手向老师汇报："老师，林同学用粉笔砸我。"坐在这个女同学身后的林同学是一个小调皮，学习成绩还可以，就是比较争强好胜，好狡辩，喜欢在课堂上做一些小动作。听到张同学的汇报，老师还没有说话，林同学就大声狡辩起来："我没有砸，是石同学砸的。"老师说："人家怎么不说是胡同学砸的呢？"胡同学是坐在林同学边上的一个比较好的女同学。老师继续说："你做了错事还不承认，哪像一个男子汉呀！"这句话引来了其他同学对他的讥笑，使林同学非常气愤，他气呼呼地看看石同学又愤愤不平地看看老师，说了句哪"有些人才不像男子汉呢！"于是在那又是拍书又是砸笔。

　　课后老师很快了解到，这件事确实不是他做的，而是石同学砸的。从这个案例来看，由于老师误解了学生，学生比较委屈，在辩解的同时还闹起了情绪，还好老师没有用权威去压学生从而使矛盾进一步激化。

　　学生受到老师的批评或者与老师发生误解是非常自然的事。我们和好朋友、家长等亲密的人，也同样会出现摩擦。可是，当老师对我们进行错误的批评，尤其当着全班同学的面批评时，我们往往难以承受。有的人与老师课上争执起来，有的人委屈得说不出话，有的人怨气冲天，以后专和老师作对，有的人从此不好好上这位老师的课……这些，都

要注意妥善解决误解

不是理智的行为，也不是最好的处理办法。那么，面对这种情境，怎样做才是最好的方式呢？

　　（1）如果一两句话能够解释清楚，等老师发言后，可以友好地说明，当场解决。

　　（2）如果一时解释不清，可以当场表达："老师，下课后我能找你解释一下吗？"避免在许多同学面前让老师难堪，而且，解释要具体清晰，

不要带着抱怨和指责的情绪。课后可以通过塞给老师一张纸条之类的形式作出自己的解释。

（3）如果老师当时讲的话让你非常尴尬，也没给你解释的余地，那你可以表现出很疑惑的样子，让老师能够意识到。过一段时间在你的作业中解释一下。．

一定要避免正面和老师顶撞，因为当场对老师直接说时，可能双方的情绪都不会很冷静。你在情绪激动的情况下，可能无法把事情解释清楚；如果老师对所发生的事情很生气，也未必能够听得进去你的解释，还可能会认为你是在推卸责任，反而对你更加不满。

有些师生之间的矛盾是由于时代差异，观念差异造成的。有了一种理解和求同存异的良好心态，你就会更好地接受一些现实。

19. 考试让我变得焦虑

兰兰今年17岁，某重点综合大学社会科学专业学生。自幼学习上进，记忆力较强，深受老师的器重。上中学时，每逢市里的一些学科竞赛，学校都推荐她参加。一次，市里要举行数学竞赛，这给她的精神压力很大，因为她本人对数学兴趣不浓，但是老师仍然很看重她，小兰也认为这是一种荣誉，是学校和老师对自己的器重，也不好拒绝。考前一夜没睡，在考场上脑子很乱，原来复习过的内容也想不起来了，急得浑身出汗，心慌意乱，勉强交了试卷，考试成绩十分糟糕。

考上大学以后，因为数学不是强项，所以报考了社会科学专业，没想到这个系也要学习数理统计，而且在大一、大二两个学年都要学，第一学期期末考试数学就不及格，这给她带来了沉重的心理负担，每到期末复习考试临近期间就紧张焦虑，还伴有严重的睡眠障碍。

就多数人来说，面临重要的或关键性的考试，总会引起一些心理压力，产生一定程度的考试焦虑，这是正常的，也是无害的。但案例中的兰兰由于害怕考数学，而使她有着严重的睡眠障碍，这已成为一种心理疾病，即考试焦虑综合征。

造成考试焦虑综合征的主要原因有：

（1）期望值与实际学习水平。如果学生对自己的要求很高，但在短时间内又达不到这个要求，一旦自己有少许松懈怠慢，那么就会紧张自责内疚焦虑，导致学习效率更差，于是更加紧张自责内疚焦虑……如此就会陷入到恶性循环中。

（2）思维模式。有些学生认为，如果考不好，父母和老师会失望，同学们会看不起自己；如果考不上重点高中，就意味着以后的学习环

不要让考试成为负担

境不够好，也就意味着可能考不上重点大学。这种思维模式把考试结果与自我评价、社会评价、自己的前途、命运过于紧密地联系起来，是导致考试焦虑的一个很重要的原因。

（3）应试技能。在一般情况下，对题型、答案要点、评分标准等心中有数的学生，在考场上就会得心应手。而缺乏应试技能和应试经验的学生

则极易产生慌乱现象，以至于不能有效地分配考试时间，抓不着考试重点和要点，从而增加考试的焦虑程度。

（4）身体状况。体质虚弱、疲劳过度、经常失眠的学生，对即将来临的考试，容易激起较强的情绪波动，产生过度的焦虑。

要克服考试焦虑综合征可以采取如下办法：

（1）消除考前心理压力，不患得患失。心理学研究表明，心理压力水平与人们的活动效果之间呈倒"U"形曲线关系，即压力过低或压力过高都不利于学习，只有适当的压力才有助于更好地提高学习效率。

（2）加强自信心训练。平时可尝试列出影响你自信的原因，然后一一驳斥（括号内为驳斥理由）。如"我担心我脑子太笨，考不过别人。"（这种担心是多余的，没有笨学生，只有努力得不够的学生。）"担心题目太偏、太难。"（题目难易程度是针对所有人的，你觉得偏了、难了，别人也一样。）"我平时学习一贯都可以，就怕考试出现意外。"（只要你准备好了，出意外的可能性就小多了。）"考不好父母、老师会责怪我，压力很大。"（只要你努力，父母、老师都是理解你的。）……

（3）纠正不正确的应考方法。有些学生在考前不会合理地进行各种复习，抓不住重点，复习没有计划性，不懂得合理安排时间，这样也会造成紧张感，甚至出现严重的焦虑情绪。

（4）学会科学用脑。考前认真复习准备，不要打无准备之仗；注意饮食平衡，不偏食、挑食，不主张进食各类补品、营养药物；保证有足够的睡眠。

（5）给自己正面的心理暗示。进入考场时不要给自己负面暗示，如"千万不要考砸了，不然太对不起妈妈了！""糟糕，我还没有复习好呢，这次一定完蛋了"等，而应该给自己正面的暗示，如"我已经准备好了，完全有能力应付考试。""即使遇到不会做的题目也不要紧，用不着争满分"等。

学习可以变得快乐

如果以上简易的方法仍不能使你摆脱考试焦虑的情绪，希望你及时寻求心理帮助，通过专业的心理咨询是完全可以帮助你认识紧张、消除考试时的紧张情绪，从而正常发挥学习能力和水平。

家庭生活篇

　　家庭是青少年最主要的生活场所之一，在家庭生活中存在各种各样的安全隐患，比如日常饮食中可能出现的食物中毒情况、居家过程中可能遭遇的盗窃情况、家用电器使用过程中可能出现的触电情况、各种意外所致的眼鼻耳受伤情况，这些隐患都对青少年的安全和健康构成威胁。因此，青少年掌握在这些紧急情况下的自救自护知识就显得非常必要。

1. 食物中毒，危险

　　一天凌晨 5 点，上海某区的罗女士筋疲力尽地躺在床上，腹痛、头晕、浑身乏力不停地侵袭着她的身体。而更让她痛苦的是从凌晨 2 点开始，她已经拉了 5 次肚子，呕吐了 3 次。上午 8 点，罗女士在上海某医院被诊断为食物中毒。而据调查，那一天发生在罗女士同一区的食物中毒事件涉及人员近 300 人。

　　到底是什么原因让这么多人在同一时间食物中毒呢？原来食物中毒者主要来自上海的五家企业。这五家企业的员工都在同一家快餐公司订餐，罗女士是其中一家企业的一名员工。他们在前一天的中午订了那家快餐公司的鸭腿、腊鸡腿、生拌黄瓜、土豆丝等，吃了以后没有立即发生什么症状，但是第二天一早刚上班，很多员工先后往厕所跑。到了夜里，呕吐、腹泻症状开始出现。

原来那家快餐公司为了节约成本，用前一天的剩菜和当天的新鲜菜放在一起炒，土豆丝也是没有熟透就装进了一次性饭盒送到了订餐的这几家企业，最终导致了这次重大中毒事件。

以上就是一起典型的食物中毒案例。食物中毒除了案例中说的会有呕吐、腹泻、头晕的症状，同时会伴有中上腹部疼痛、发烧等症状。食物中毒者常会因上吐下泻而出现脱水症状，如口干、眼窝下陷、皮肤弹性消失、肢体冰凉、脉搏细弱、血压降低等，严重者可出现休克。

在家中一旦出现了食物中毒的情况，千万不要惊慌失措，应冷静、及时采取如下应急措施：

（1）用呕吐法治疗。如果病人在吃下某种食物后 1~2 小时内发现中毒，可选用催吐的方法治疗：①把 20 克食盐溶于 200 毫升的温水中，让病人把 200 毫升的盐水一次性喝下，如果病人不吐，可让他多喝几次；②把 100 克鲜生姜捣成汁，把姜汁倒入 200 毫升的温水中，让病人把姜汁水一次性喝下，如果病人不吐，也可让病人多喝几次；③可用筷子或手指刺激病人咽部，促使其呕吐。

（2）用导泻法治疗。如果病人吃下中毒食物已超过 2~3 个小时，并且其精神状态较好，则可选用导泻法治疗：①把 30 克大黄用水煎好，让病人把药液一次性饮服（年老体弱的人不能用此法）；②把 20 克元明粉用开水冲泡后，让病人一次性饮服；③把 15 克番泻叶用水煎或用开水冲泡后，让病人饮服。

（3）用解毒法治疗。如果病人因吃变质的鱼、虾、蟹等食物而发生中毒，可选用下列方法解毒：①把100毫升的食醋用200毫升的凉开水稀释后，让病人一次性服下；②把30克紫苏与10克生甘草一起用水煎后，让病人一次性饮服。如果病人是由变质饮料引起的中毒，可采取服用鲜牛奶或其他含蛋白质饮料的方法解毒。

（4）及时送进医院。食物中毒的病人在采用上述方法进行紧急处置后，最好再到医院检查一下。尤其是那些中毒较重者，更应尽快到医院治疗。

此外，还要注意保留食物样本。由于确定中毒物质对治疗来说至关重要，因此，在发生食物中毒后，要保留导致中毒的食物样本，以提供给医院进行检测。如果身边没有食物样本，也可保留患者的呕吐物和排泄物，以方便医生确诊和救治。

2. 鱼刺卡在喉咙里了

在邮电局上班的老刘和几个朋友邀约到农家乐吃鱼。老刘兴致高涨，一边挥手划拳，一边大口吃鱼。朋友劝他小心点，老刘毫无惧色地说："我人高口大，大鱼小鱼都不怕。"谁知话音刚落，他就说有东西卡在了喉咙。朋友大惊："是鱼刺！"他们纷纷建议使用"土办法"：吞饭团、喝醋，谁知折腾了足足半个小时，鱼刺不但未出，老刘反而开始吐血。朋友只好将痛苦难耐的老刘送到门诊。经检查，老刘咽部与食道交界处有一条长约0.6厘米的鱼刺，已深深刺入咽喉壁。经过了一个小小的手术才把鱼刺取了出来。

吃鱼时要小心鱼刺卡到喉咙

生活中，像老刘那样被鱼刺卡喉用尽土方偏方仍不能去除，不得不到医院就医的人有很多。那么，鱼刺卡喉后到底该如何救治呢？

（1）要保持镇静，初步确定是否有鱼刺卡喉。当被鱼刺卡喉时不要慌张，保持冷静，可试咽唾液几次，从而确定是否有鱼刺卡喉。因为有时进食过快，鱼刺可擦伤黏膜，造成一种鱼刺卡喉的假象。真正鱼刺卡喉的感觉是吞咽时有明显的刺痛，刺痛常持续固定在一个部位，可以明确感觉到相应位置，而咽部静止时疼痛不明显。如果还是不能确定是否真的被鱼刺卡喉，应该仔细检查咽部，将压舌板（在家中可用筷子、牙刷）放在舌部前2/3处，轻轻平压，观察整个口咽部，看是否有鱼刺。

（2）如果确定被鱼刺卡喉，要做以下应急处理：立即请人用汤匙或牙刷柄压住舌头的前部，并发"啊"音，在亮光处仔细察看舌根部，如看见有鱼刺，可用稍长的镊子或筷子钳住，轻轻拔出来。

（3）可剥取橙皮，块窄一点，含着慢慢咽下，可化解鱼骨。

（4）用维生素 C 软化。细小鱼刺鲠喉，可取维生素 C 一片，含服，数分钟后，鱼刺就会软化消除。

（5）大蒜一瓣，白糖适量。大蒜去皮、切断塞入双鼻孔，吞咽白糖一匙，不饮水。如不见效，再吞咽一匙白糖。

（6）应急处理后倘若无效应立即去医院就诊。因为，鱼刺卡喉后若不及时取出，局部会因异物感染而发生颈深部的脓肿，并进而发展成败血症、脓毒血症等。脓肿腐蚀血管可发生大出血，后果则更加严重。

（7）医生在取鱼刺时，患者应主动配合。有时经检查可能不能发现鱼刺，而咽喉部疼痛的症状仍很明显，这可能是鱼刺已埋入黏膜不易被发现，此时患者不能轻易放弃检查和治疗，可口服消炎药，1～2天后再到医院检查。因为机体的排异反应和咽部运动可将鱼刺推出或变位，此时鱼刺才可能被发现。如果确实没有鱼刺存在，刺痛感会在 1～2 天内消失。

此外，鱼刺卡喉时一定要注意以下事项：

（1）不宜喝醋，有人使用喝醋的方法，希望将鱼刺化掉。可是喝醋时醋液在喉咙只能停留几秒钟，就进入到胃部。因此醋不仅不能排除卡喉的鱼刺，还会引起黏膜烧伤、气管水肿等。

（2）不能用大口干咽饭团或馒头的方法将鱼刺推压下去，因为这样做是很危险的。咽喉食管较为柔软，用饭团挤压尖锐鱼刺，就如钉钉子一样，会把鱼刺越挤越深，刺入黏膜内。同时也可能把鱼刺推入咽喉部、食管，导致鱼刺更难取出。而且咽喉食管周围有许多大血管，鱼刺刺伤血管后可造成大出血，或者刺破黏膜造成感染、化脓、脓肿。

（3）有人习惯将手指伸向喉咙往外抠，但由于口腔小、手指短，此法往往只能刺激咽后壁，引起恶心、呕吐等不良反应，甚至出现挖伤黏膜，加重疼痛等副作用。

（4）有的人在鱼刺卡喉后，就使劲咳，希望把鱼刺咳出来，如果鱼刺刺入较深，此法通常无济于事。因为鱼刺细小，受力面积也就小，咳嗽的冲击气流难以把鱼刺咳出。

3. 放假了，我一个人在家

乐乐放暑期了，他的妈妈每天上班前都要千叮咛万嘱咐"在家的时候不要给陌生人开门，不要自己出去玩……"。乐乐是个听话的孩子，爸爸妈妈不在家的时候，他就看电视、写作业，有时候玩电脑游戏，暑假很快就过去了一个月，乐乐的爸爸妈妈看到乐乐这么听话，更是满心欢喜，他们以为让孩子待在家里不出去是最安全的。

有一天，乐乐在家的时候接到一个阿姨打来的电话。

女骗子：你好，小朋友，你叫乐乐吧？

乐乐：是的。

女骗子：哦，是这样的，你妈妈给你报了个培训班，你家在哪里，我们今天有车来接小朋友上课。

乐乐：哦，这个事情我不知道呀。

女骗子：是妈妈给你报的名，你告诉我地址吧。

乐乐：那你打电话给我妈妈吧！

女骗子：你妈妈电话打不通呀，她什么时候回来呢？

乐乐：要到晚上七点左右。

女骗子：哦，那不行的，太晚了，我们已经下班了。不过你妈妈都已经交过押金了，不来多可惜呀？我们这个培训班有好多你的同班同学呢。

乐乐：那好吧，我告诉你地址，你在楼下小区等我。

案例中的乐乐就这样上当受骗了，现在骗子们的手段越来越高明，一不留神就会上当受骗，而生活中这样的事情更是屡见不鲜。因此，当一个人在家的时候一定要注意以下几点：

（1）独自在家时，要锁好防盗门。

（2）睡觉前，仔细检查水龙头有没有

一个人在家时要注意安全

关紧、电源是不是都拔掉了、燃气有没有关紧、门、窗是不是都锁好了。

（3）白天有人敲门时，一定要先从猫眼里看看，然后询问对方什么事，不认识的坚绝不能开门。

（4）若是修理工上门，要确认是否事先约定，检查来者证件并仔细询问，确认无误后方可开门。家中需要修理服务时，最好有家人、朋友在家陪伴或告知邻居。

（5）若有人以同事、朋友或远方亲戚的身份要求开门，不能轻信。

（6）若有上门推销者，可婉拒。切勿贪小便宜，以免追悔莫及。

（7）一定不要因来者是女性而减少戒心。

（8）遇到陌生人在门口纠缠并坚持要进入室内时，可打电话报警，或者到阳台、窗口高声呼喊，向邻居、行人求援。

（9）接到陌生人打来的电话，先要求对方留下电话和姓名，然后再通知家长。不要像案例中的乐乐那样轻易相信陌生"阿姨"的话。

4. 家中进了小偷怎么办

一天夜里，王丽看完电影已经凌晨两点了，冲完澡便去睡觉了。可她刚关了卧室的灯半个小时，就听到阳台有动静，紧接着就是拉动抽屉的声音，她知道家里进贼了，这让王丽很害怕，她想用手机给男友打电话，但又怕小偷听到动静会暴露自己，于是，王丽屏住呼吸，很快冷静下来分析了两种情况：一是她起来和小偷对峙，但自己不是小偷的对手，肯定会吃亏，到时候丢了财物不说，弄不好自己还会受伤；二是装睡，王丽想了一下，自己家里没什么值钱东西，钱包里就四百块钱，银行卡和身份证她没放在一个地方，即使被偷走了，第二天挂失也来得及。想到这里，王丽便闭着眼睛继续睡觉，尽管她心里很害怕，但是仍然很冷静的躺在床上听着客厅里的动静，大概过了半个小时，阳台上又发出了推拉窗户的声音，王丽知道是小偷走了，但她继续在床上躺了半个多小时，确定没动静了才起床。她起床后清点了一下财物，发现就丢了四百块，两张银行卡和一个 MP3。随后，她便拨通了110，第二天早晨，她就赶紧打电话到银行挂失。

案例中的王丽在家里遇到小偷，并且她能冷静应对，不仅减少了自己的损失，而且保障了自身的安全，这件事情可以给我们一些启发，在家遇到贼，除了案例中"装睡"这个办法外，还可以采取以下应对措施：

（1）迷惑小偷。当独自在家时，要想办法让小偷明白，家里马上就会有人回来。

（2）如果是白天，家里进了小偷，要尽量往外面跑，不要管家里的东西，也不要与歹徒搏斗，跑出去后，要马上报警。

（3）如果正在家里晾衣服，或者在窗台边浇花，家里进贼后，要想办法让别人注意到自己家，比如到阳台上往下扔衣架等物。

（4）体弱者、年少者，尽量和小偷斗智，如案例中的王丽。

（5）不用眼睛看小偷。小偷进入家里后，尽量不要盯着他看，这样他就能放松对你的警惕，认为你不会反抗，就不会采取过激行为。

（6）万一和小偷发生对峙，他掐你或用别的方法伤害你，可以假装昏迷，以躲避进一步的伤害。

（7）如果附近没有人，或者家里的隔音非常好的话，就不要大声呼叫，因为大声呼救容易激起小偷的杀机。

（8）如果小偷要捆绑你，你要往前伸手，让他把你的手捆绑在身前而不是身后。同时，小偷在捆绑时，你要尽量把肌肉绷紧。当逃脱时，手从身前容易挣脱绳子，绷紧的肌肉一旦松下来，绳子就不会捆绑那么紧，也容易挣脱。

（9）如果发现财物被小偷翻出来了，不要和对方搏斗。

（10）如果小偷拿着凶器，千万不要和对方搏斗。

（11）晚上有小偷进入家里后，不要主动开灯。因为小偷并不熟悉你家里的环境，而你自己却熟悉。同时不要出声，尽量别让小偷知道你在哪个房间和家里有几个人，如果家里人多的话，可以找机会将小偷制伏，如果家里就一个人的话，尽量采取案例中王丽的做法。

总之，在家里遇到小偷的时候，一定要分清重点，尽量保护自身生命安全。

不要和拿着凶器的小偷搏斗

5. 回家后，发现家里被盗了

家住某居民楼的一层的王先生，上午 8 点半他出门办事后，在 9 点 45 分左右回到家里时，就发现家里被盗了。他迅速报了警，警察在对现场进行勘查时发现了一组足印，屋里已被翻动得凌乱不堪，经过清点，家里的笔记本电脑和一些贵重的首饰被盗，现金也丢了上万元。那么盗贼是如何进入屋内的呢？这户人家的所有窗户都安装了防盗网，警察没有发现防盗网被破坏的痕迹。经查，原来是主人的锁防盗功能并不强，盗贼因此能够轻易得手。

类似王先生这种情况的例子数不胜数，如果王先生早早就做好防盗措施就可以避免这次损失了。因此，为了保证财产安全，我们要采取各种防盗措施，主要有以下几点：

（1）家中不要存放大量现金，存单、存折上的账号、密码要记在心里或其他秘密本子上，不要同身份证、户口本等放在一起。贵重首饰要妥善保管。同时，可以在贵重物品上刻上特定且不易磨去的标记，窃贼就不易销赃了，起到了保护自己财产的作用。

（2）外出时，切勿在门外留下写有"外出有事，某日回家"之类的话的字条。

（3）晚上全家短时间外出时，屋内最好亮上一盏灯，或打开收音机，使窃贼难以判断出家中是否有人，因而不敢贸然下手。

（4）全家长时间外出时，要在阳台上晒一些衣物，门口放一两双鞋，或请邻居帮忙取报箱报纸和牛奶等物，还须拔掉电话接线，并将门铃的电池卸下，以免长时间响铃暴露家中无人。

（5）必须选择正规厂家生产的防盗门，切忌在街头定做，在安装时，防盗门尽量往门洞里装。注意门框、门体是否坚固，门缝是否密封。以避免"防盗门窗不防盗"的现象发生。

（6）条件允许的话可以在家中安装防盗报警器或者带有视频监控的报警器。这是一个不休息的"警察"，一有情况，会立即自动报警，吓跑盗贼。

（7）家住底层的居民可在围墙四周种植一些类似月季、剑麻等带刺植物，也可在阳台的四周种植，既美观，又可作为一道防范屏障。

选择质量好的防盗锁

（8）平房区住户尽可能不要使用明锁，更不要在外出前使用自行车等物体或其他一些杂物遮挡门窗，使人一看就知道家里没人。

（9）家中不要摆设特别贵重的装饰品，以免招贼。

（10）如果回家时看见本应没人的大门虚掩，有人正在家里偷东西，千万不要出声惊动犯罪分子，更不要进屋，而是应该赶快找邻居帮忙，或者拨打110报警。

（11）若住的楼层较高，窃贼是从大门进入室内盗窃的。在发现窃贼时，不要进门，要迅速从门外用钥匙把大门和防盗门反锁上，然后再去找人求救。这样，贼在屋内打不开门，又无法钻窗户逃跑，更容易被抓获。

（12）如果发现家中被盗，首先拨打110报警，其次不要急于收拾、清理家中的物品，不要在室内随意走动，并注意不要接触门把手、锁具，以免破坏有价值的痕迹；对小偷遗留下的痕迹、物品应用绳索圈围警戒，重点保护；禁止无关人员进入现场；若存折、信用卡被盗后尽快到银行办理挂失手续。

6.　当心微波炉致癌

1991年，由于一场公众瞩目的官司，人们开始意识到微波食品是不安全的。一位名叫诺玛·莱维特的妇女的家人为她的误死起诉。诺玛去医院进行髋部更换手术。手术很成功，但诺玛却死了。诺玛死于一次输血之后，血液是经过微波炉加温的。这是第一次有重大证据表明用微波炉加热物品对被加热的物品的化学性质造成了根本的破坏。

还有研究表明，如果用微波炉把血液加热到体温，就能使血液包含致人于死命的毒性，那么我们用更高的温度在更长的时间内加热食品，又会发生一些什么情况呢？微波炉在加热食物的同时，足以分解蛋白质的分子结构，导致通常情况下不会发生的分子异变。结果，食物的分子结构发生了改变，产生了人体不能识别的分子。这些奇怪的新分子是人体不能接受的，有些具有毒性，还可能致癌。因此，经常吃微波食品的人或动物，体内会发生严重的生理变化。

美国的研究人员发现，无论何种食物，一旦经过微波加热，都会产生已知的致癌物。肉类、奶类、谷物、水果和蔬菜都会产生引起癌症的化学物。并且，微波食品的营养价值减少了 60% ~ 90%，包括矿物质和生化酶，维生素 B、C 和 E，以及降低胆固醇物质，甚至连蛋白质的营养成分也减少了。研究人员还发现了荷尔蒙异常情况，特别是男性和女性荷尔蒙的分泌和平衡出现异常。此外，细胞膜的电解性出现不稳定现象。维持正常的细胞膜电解性对细胞的健康和细胞间的连接是至关重要的。长期食用微波食品会导致永久性的脑损伤，造成记忆力下降，注意力无法集中，情绪波动，智力下降。

由此可见，经过微波炉加工过的食物会对我们身体产生很大危害，因此，应当减少微波炉的使用。可是现代家庭使用微波炉的越来越多，也有很多人由于工作繁忙，不得不使用微波炉快速加热食品，所以，在这种情况下就有必要掌握正确使用微波炉的方法，具体地应该做到以下几点：

（1）使用微波炉必须按照说明书的规定正确操作，以免人为造成微波炉的泄漏扩大。当微波炉使用一段时间后，应当经常检查炉门有无机械性损伤，若开启不正常应及时送到专业部门维修，防止微波泄漏。

（2）在厨房里，一定要给微波炉安身之地留有宽裕空间，在购买之前就应该做好打算，否则用微波炉时，它的周围就成了"雷场"。

（3）购买信誉好、质量好的微波炉才能减少微波泄漏的机会。

（4）在用微波炉加热食物时，一定要远离微波炉。

（5）用微波炉烹调食物时，中途绝不可以将微波炉的门打开，一旦发现微波炉的门关不紧时，就应立刻停止使用，以免外泄的微波损害人体健康。

微波炉的门要关紧

（6）千万不要猛烈碰撞炉门，并注意炉门是否损坏。如发现炉门受损，则不可使用。

7. 冰箱使用要注意

很多人以为食物放进冰箱就万事大吉了，把冰箱当成了"消毒柜"、"保险箱"。其实冰箱的冷冻作用不同于杀菌消毒，细菌并没有冻死，只是在低温下降低了本身的新陈代谢水平，减慢或停止了繁殖。况且很多微生物极易在低温下生长繁殖，而且冰箱内湿度较大，食品频繁地送进取出，遭到污染机会比较多，一旦温度回升，细菌仍然可以苏醒，继续生长繁殖。冰箱滋生的细菌可引起新生儿、孕妇、老年人以及免疫功能下降或缺陷的人发病，可引起新生儿败血症、脑膜炎，导致呼吸或循环衰竭，一旦感染病死率高达 100%。孕妇感染后会出现畏寒、发热、头痛、背痛等类似上呼吸道感染的症状，还可引起早产、死产或新生儿脑膜炎而致其死亡。因此，为了减少疾病的发生，我们应该了解冰箱的正确使用方法。

（1）新冰箱第一次使用前仔细阅读说明书后再接通电源。首次使用时运转时间不宜过长，应间断进行，给冰箱各部件一个磨合的过程。新冰箱开始工作时，存放的食品数量不宜过多，随着冰箱工作时间的增加再逐渐加大食品的存贮量。

（2）正确安放电冰箱。电冰箱应摆放在远离火炉、暖气片等热源的地方，同时应避免阳光的直接照射。这样有利于电冰箱的散热。电冰箱应摆放在湿度较小的地方。电冰箱应摆放在通风良好的地方。冰箱背部应离墙 10 厘米以上，顶部应有 30 厘米以上的高度空间，四周不应放置过多的杂物。电冰箱应摆放在地面平稳的地方。否则当压缩机启动时会产生振动并发出很大的噪声，长期如此会缩短电冰箱的使用寿命。电冰箱上不应摆放重物或过多的杂物，特别是不能摆放其他电器。

（3）电冰箱在接通电源之前，先检查铭牌上规定的电压是否与家用电压相同，相同方可使用。要为电冰箱安排单独的电源线路和使用专用插座，不能与其他电器合用同一插座，否则会造成不良事故。要安装好接地装置。

（4）电冰箱要定期清洗。由于目前家用冰箱使用频率较高，所以每周至少一次对冰箱进行清洗、除菌、消毒。清洁冰箱时方法要正确，除了对冰箱内部常规部位进行清洗、消毒外，更应该注重用高效的冰箱专用消毒剂，来对冰箱内部的滴水槽、隔板槽等死角进行喷射消毒。冰箱内壁、死角喷雾完成后，应该将冰箱门关闭 5～10 分钟，让消毒剂充分杀菌，最后再用抹布抹干净。在进行电冰箱清洁卫生工作时要注意不能用酸、碱溶液、有机溶剂、热水擦洗冰箱，不能用水直接冲洗电冰箱的外壳和内胆，更不能用锐器刮除污垢。

（5）电冰箱长期停用应将电源插头拔掉，妥善保管；将冰箱内食品取出，把食品盒、托架等附件洗净晾干后放回原位；打开箱门，化尽蒸发器上冰霜，排除水后清洗蒸发器表面并用软布擦干；冰箱门封条用布擦拭干净，涂上滑石粉进行保养或者在门封条与箱体接触处垫上薄纸，以免因长期关闭而发生门框黏结现象；将温控器旋钮调至强冷点位置，使温控器弹簧处于放松状态。

冰箱要保持干净

8. 用电安全，谨防触电

案例一：一天，家住某小区的小林，洗完澡拔热水器插头时，突然触电，一头栽倒在浴缸里，不省人事。幸好家人发现及时，对其进行人工呼吸后送往医院抢救。医生告诉小林的家人，小林的手臂被电击伤，触电原因是因为湿手拔插头。

上述案例就是一起典型的触电事故。电是我们生活中不可缺少的能源，人们在享受电带来的种种便利时，如使用不当或稍有不慎，很可能导致触电事故，危及财产和生命安全。那么，生活中应如何避免触电事故的发生呢？

（1）认真学习安全用电知识，提高自己防范触电的能力。不乱动、乱摸电器设备。

（2）在家时不要用湿手去开灯、关灯或触动其他电开关，而且要培养成用右手开关电源的好习惯。

（3）墙壁上接出来的多用插座都是通电的，千万不能用手指、小刀、钢笔等触、插、捅，那样是非常危险的。

（4）不用质量低劣、破旧损坏的电线和电器设备。

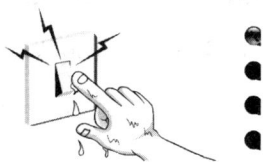

不要用湿手去触摸电开关

（5）选择质量好的插座，以防漏电。

（6）电器设备一定要有保护接零和保护接地装置，并经常进行检查，确保其安全可靠。

（7）发生电器设备故障时，不要自行拆卸，要找电器售后服务或电器修理店维修。

（8）发现电线、插头等有问题时，请专业人员修理。

（9）不要在电线上晾晒衣物。

（10）在室外玩耍时，千万不要爬电线杆，也不要在电线杆附近放风筝。在路上、野外或大风天气时，遇到落在地上的电线，一定要绕行，因为那可能是带着高压强电的电线。

案例二：一对12岁的双胞胎兄弟独自被爸爸妈妈留在家里，当哥哥开启电视时，因电视插座漏电，造成哥哥触电。此时，插头就在弟弟的身边，弟弟并没有马上拔掉电源，而是冲了上去拉哥哥，结果兄弟二人双双毙命。上面的例子告诉我们，万一生活中发生触电事故，如果不懂得采取得当的应急措施，不但会延误抢救伤者的时机，甚至危及自己的生命。因此，避免触电的同时，掌握一些触电的急救办法尤为重要。一旦发生触电，应该采取哪些措施呢？

（1）火速切断电源。急救者应穿上胶鞋或站在干木板凳子上，戴上塑胶手套，用塑料制品或干木棍等不导电的物体挑开电线。避免接触触电者的身体，防止造成新的触电。

（2）切断电源后立即检查伤员。确认伤员心跳停止时，应立即进行人工呼吸和胸外心脏按压进行心肺复苏。人工呼吸和胸外心脏按压中途不得停止，一直等到医务人员到达，由他们采取进一步的急救措施。

（3）对已恢复心跳的伤员，千万不要随意搬动，以防心室颤动导致心脏停搏。应该等医生到达或等伤员完全清醒后再搬动。

（4）在就地抢救的同时，尽快呼叫医务人员或向有关医疗单位求援。

应急施救的具体方法如下：

（1）口对口人工呼吸法。首先，解开被救者衣服，取出其口中黏液及其他东西，使其平卧，头向后仰，鼻孔朝天。其次，救护者跪卧在其左侧或右侧，用一只手捏紧被救者的鼻孔，另一只手扒开其嘴巴。如果扒不开嘴巴，可用口对鼻吹气。吹气前救护者深吸一口气后，紧贴被救者的嘴吹气，使其胸部微微膨胀，吹气时间约2秒。吹气完毕后，立即离开被救者的嘴，并吹气。做人工呼吸时用力不要过猛，以防把肋骨压断。速度应保持每分钟15～19次，不要过快或过慢。

（2）胸外心脏按压法。触电者心跳停止时，必须立即用胸外心脏按压法进行抢救，具体方法如下：先将触电者衣服解开，使其仰卧在地板上，头向后仰，姿势与口对口人工呼吸法相同。救护者跪跨在触电者的腰部两侧，两手相叠，手掌根部放在触电者心口窝上方，胸骨下 1/3 处。掌根用力垂直向下，向脊背方向挤压，对成人应压陷 3～4 厘米，每秒钟挤压 1 次，每分钟挤压 60 次为宜。挤压后，掌根迅速全部放松，让触电者胸部自动复原，每次放松时掌根不必完全离开胸部。

上述步骤反复操作。如果触电者的呼吸和心跳都停止了，应同时进行口对口人工呼吸和胸外心脏按压。如果现场仅一人抢救，两种方法应交替进行：每次吹气 2～3 次，再挤压 10～15 次。

9. 提防你的宠物

案例一：媛媛家里有一只可爱的小狗，名叫小白。小白和媛媛是形影不离的好伙伴，整天在一起玩耍。有一天，媛媛的妈妈扔给小白一根骨头，小白叼起骨头，躲到墙角啃了起来。媛媛走上前去，想和小白玩儿。小白以为媛媛要抢它的骨头，嘴里发出呜呜的警告声。然而媛媛却以为小白在对她表示友好，仍像平常一样，伸出手去摸小白。小白发怒了，狠狠地咬了媛媛一口。

媛媛哇的一声哭了。妈妈听到哭声，连忙跑了过来，看见媛媛的手被咬破了，正在流血呢。妈妈一边安慰媛媛，一边帮媛媛把伤口里的血挤出来，又用肥皂水反复冲洗伤口，然后简单地包扎了一下，带着媛媛去卫生所注射了狂犬疫苗。现在，媛媛仍然很喜爱小白，但却再也不像从前那样逗弄它了，尤其在小白吃食的时候，媛媛总是躲得远远的。

案例中的事情在我们生活中屡屡发生，在养宠物时我们不仅要了解宠物的生活习性，还要注意以下几个方面：

（1）适时而有效地给犬接种疫苗。养犬者千万马虎不得，也不能存在任何侥幸心理。一般来说，幼犬应在6～9周龄期间接种一次疫苗，可同时分别注射各种单苗；12～14周龄时再接种一次，以后每年接种一次。

（2）不将宠物养在房间里。将猫、狗、鸟等小动物养在人居住的屋子里是不妥的，既不符合卫生要求，也对人体健康有害。一般来说，猫、狗、鸟等动物身上最容易寄生跳蚤、虱子、螨、蜱等害虫。如果人感染上了这些病原微生物，就会生病。此外，宠物每天都要排出很多的粪便，这些粪便含有大量病毒和病菌。宠物身上的脱毛、脱皮屑及随地大小便会污染蔬菜、食物及饮水，人误食后就会感染得病，这类疾病包括过敏性皮炎、过敏性哮喘、沙门氏菌病、大肠杆菌病、细菌性痢疾、鹦鹉热等。因此，为了保持居室环境的卫生，促进人体健康，最好不要在室内养动物。应将动物放在室外饲养，并且定期对动物、食具、笼子清洗消毒。

（3）家中应该常备一些急救物品，如消毒用的75%酒精、脱脂棉一包、一次性注射器一支、500毫升矿泉水空瓶一个、皂粉100克（与500毫升清水即可调配出20%的肥皂水）。

（4）不要打搅正在睡觉、吃东西或正在照顾小狗的狗。

（5）在与动物接触时一旦出现擦伤或抓伤时，无论程度轻重，无论出血与否，都应该立即到卫生防疫部门接种狂犬病疫苗。

案例二：20岁的河南小伙子潘某，无缘无故地突然发病，高热、大汗淋漓、头痛、怕水、怕风，轻微的手煽风就会引起他的肌肉痉挛、惊叫不止，经传染病专家会诊，最后被确诊为狂犬病。原来，一年前这位小伙子曾被自家的"健康"狗咬伤。

从案例中我们可以知道，被犬咬伤后如果不及时采取有效措施，很可能会染上狂犬病，而狂犬病属于人畜共患病，死亡率极高。

现代家庭养犬、猫等宠物的越来越多，难免会出现一些意外，以致会被宠物咬伤。特别是孩子，常因嬉戏逗弄过度而造成宠物伤人事故。因此，一旦被宠物咬伤，应该采取以下措施：

（1）及时清洗。被咬伤者首先应该立即冲洗伤口，并且尽可能用20%肥皂水冲洗干净，在冲洗的同时要用手搓洗，让肥皂里面的化学成分渗透到伤口中，达到彻底破坏狂犬病毒的目的；肥皂水冲洗完毕，再继续用清水清洗伤口。

冲洗时要注意速度要快，分秒必争，以最快速度把沾染在伤口上的狂犬病毒冲洗掉。因为时间一长病毒就会进入人体组织，沿着神经侵犯中枢神经，置人于死地。

冲洗要彻底。由于狗、猫咬的伤口往往外口小，里面深，这就要求冲洗时尽量把伤口扩大，让其充分暴露，并用力挤压伤口周围软组织，而且冲洗的水量要大，水流要急，最好是对着自来水龙头急水冲洗。

另外，伤口不应该随意包扎。除了个别伤口大，又伤及血管需要止血外，一般不敷任何药物，也不要包扎，因为狂犬病毒是厌氧的，在缺乏氧气的情况下，狂犬病毒会大量生长。

（2）消毒。冲洗完后，马上用75%的酒精或碘酒擦伤口内外，尽可能杀死狂犬病毒。

（3）注射疫苗。在清洗和消毒完后，应该尽快去医院注射狂犬病疫苗，越早注射效果越好。

（4）在注射疫苗期间，应注意不要饮酒、喝浓茶、喝咖啡；亦不要吃有刺激性的食物，诸如辣椒、葱、大蒜等等；同时要避免受凉、剧烈运动或过度疲劳，防止感冒。

（5）不论被哪种动物咬伤，都必须在 24 小时之内接种狂犬疫苗。对重度咬伤者，特别是儿童，必须同时使用人狂犬病免疫球蛋白或抗狂犬病血清。

此外，要想知道接种的疫苗是否生效，可在全程疫苗接种完后半个月左右检查血清抗狂犬病毒抗体水平。如果血清抗狂犬病毒抗体是阴性，可再加强 2~3 注射针，可使抗体阳转。再不阳转时最好测定一下细胞免疫指标，一般而言，全程（5 针）接种了合格的狂犬疫苗，尤其是并用血清后半个月以上仍未发生狂犬病，则狂犬疫苗免疫失败的几率极小，也就是说一般不会再发生狂犬病。

10. 发生了煤气中毒

2008 年 12 月 2 日，陕西省定边县堆子梁九年制学校发生一起特大煤气中毒事故，一个宿舍中的 12 名四年级女生被发现中毒，只有 1 名女生幸免于难。据调查，造成"12·2"煤气中毒事件的原因，主要是学生宿舍没有安装通风设备，取暖用的无烟煤放置不慎，距炉火最近距离仅 18 厘米。

煤气中毒主要指一氧化碳中毒、液化石油气、管道煤气、天然气中毒，前者多见于平时用煤炉烧饭或取暖，门窗紧闭，排烟不畅时，后者常见于液化灶具漏泄或煤气管道漏泄等。煤气中毒通常指的是一氧化碳中毒。一氧化碳无色无味，常在意外情况下，特别是在睡眠中不知不觉侵入人的呼吸道，通过肺泡的气体交换进入血液，并散布全身，造成中毒。一氧化碳中毒后人体血液将不能及时供给全身组织器官充分的氧气，血中含氧量明显下降。大脑是最需要氧气的器官之一，由于体内的氧气只够消耗10分钟，一旦断绝氧气供应，将很快造成人的昏迷并危及生命。

煤气中毒时病人最初感觉为头痛、头昏、恶心、呕吐、软弱无力，当他意识到中毒时，常挣扎下床开门、开窗，但一般仅有少数人能打开门，大部分病人迅速发生抽搐、昏迷，两颊、前胸皮肤及口唇呈樱桃红色，如救治不及时，可很快呼吸抑制而死亡。

发生煤气中毒是件很可怕的事情，我们一定要积极预防煤气中毒，避免悲剧的发生：

（1）使用煤炉的家庭，在安装炉具（含土暖气）时，要检查炉具是否完好，如发现有破损、锈蚀、漏气等问题，要及时更换并修补；要检查烟道是否畅通，有无堵塞物；烟囱的出风口要安装弯头，出口不能朝北，以防因大风造成煤气倒灌；烟囱接口处要顺茬儿接牢（粗口朝下、细口朝上），严防漏气；屋内必须安装风斗，要经常检查风斗、烟道是否堵塞，做到及时清理；每天晚上睡觉前要检查炉火是否封好、炉盖是否盖严、风门是否打开。

（2）使用燃气管道的家庭，燃气管线的安装要由专业人员进行，个人不能乱拉乱接，不要把管线砌到墙里、池里或遮蔽起来，这样容易将泄露点隐蔽起来，一旦漏气，十分危险。

热水器应与浴池分室而建，并经常检查煤气与热水器连接管线的完好。

经常擦拭灶具，保证灶具不致造成人体污染，在使用煤气开关后，应用肥皂洗手，并用流水冲净。

一定要使用煤气专用橡胶软管，不能用尼龙、乙烯管或破旧管子，每半年检查一次管道通路。

在厨房内安装排气扇或排油烟机。

不能私自拆卸燃气设备

在使用燃气灶具时，必须严格按照"先点火，后开气"的顺序进行。如未点燃，应立即关气，待燃气散尽后再点火开气。

开着燃气炉煮东西时，不能走开，以免炉火灭后引起煤气泄漏。

如果在使用过程中发现漏气，要立即关闭总阀门，切断气源，并打开窗户通风。

（3）使用液化气钢瓶的家庭，液化气钢瓶应直立放稳、放平，存放于厨房内通风良好的地方，不允许靠近高温、热源，周围环境温度不得高于35℃。灶具要距离液化气钢瓶1米以外，高于钢瓶顶25厘米以上。

液化气钢瓶在搬动及使用过程中，要特别注意轻拿轻放，不要出现摔、磕、碰、撞的现象，也不准随意用铁器敲打开启阀门。以防损坏气瓶造成漏气，严重者直接造成爆炸事故。

（4）如果一旦发生中毒，轻度煤气中毒的病人，可以设法自救。当感到自己是煤气中毒时，应尽快打开门窗，吸入新鲜空气，并尽快脱离中毒环境。

11. 做好家庭防火准备

一天下午，家住某小区一幢居民楼4楼的张女士正在家中看电视，忽见窗外浓烟弥漫，她伸头一看，3楼邻居的厨房窗口直冒黑烟，伴有刺鼻的焦煳味道。"不好了！失火了！"张女士赶紧报警，并下楼喊门。

接到报警后，消防官兵迅速赶到，发现失火人家所在单元笼罩在烟雾之中，赶紧进入楼道疏散邻居。消防队员攀上3楼窗外观察，发现厨房里烟雾最浓，煤气灶上一锅东西在燃烧，但室内无人。

与此同时，民警通过警务平台与户主刘女士联系上，刘女士听说家里失火，急坏了，称自己的妹妹在家，不知火灾是怎么回事。随后，她打电话找妹妹。

几分钟后，一名年轻女子跑回来，打开了房门，消防队员冲进厨房，关掉煤气，扑灭燃烧的物品，竟然是一锅排骨，已经变成焦炭。

该女子就是刘女士的妹妹。她说，自己是走亲戚的，姐姐和家人去上班了，让她在家炖排骨。她把排骨放到煤气灶上炖着，因为需要一段时间，就关门下楼去了附近一家超市买东西，逛着逛着，竟然把炖排骨的事忘记了。

从上面的例子中我们可以了解到疏忽大意是造成家庭失火的罪魁祸首。常常事发突然，令人防不胜防，后果严重。因此做好家庭防火准备非常必要。下面就是一些家庭防火应知的知识：

（1）不要躺在床上、沙发上吸烟；划过的火柴梗、吸烟剩下的烟头一定要弄熄；吸烟时，如临时有其他事情，应将烟头熄灭后人再离开。

（2）在炉灶上煨炖各种含油食品时，汤不宜太满，并应有人看管，发现汤水沸腾时，应降低炉温，或将锅盖揭开，或加入冷汤，防止油汤溢出锅外。油炸食品时，如油温过高起火时，油量较少的可沿锅边放入食品，火即熄灭；如油量较多，应迅速盖上锅盖，隔绝空气，即能停止燃烧，同时应熄灭灶内火焰，倘有可能可将油锅平稳地端离炉火。应特别注意的是，遇油锅起火后，千万不可向锅内倒水灭火。此外，炉灶排风罩上的油垢要定时清除。

（3）做饭时必须确保在炉灶完好的状态下使用；在厨房里，液化气罐与灶具应保持 1~1.5 米的安全距离，并保持室内空气流通，液化气罐不得与煤炉等其他火源同室布置。

（4）液化气罐不能用热水烫、烘烤，不能横放、倒放使用，更不能用自流方法将液化气从一个气罐倒入另一个气罐；不得私自处理残液、排放液化气；更换液化气罐时，要上好减压阀，并用肥皂水试漏；发现液化石油气泄漏时，要立即关闭气源，打开门窗通风，严禁触动电灯、抽油烟机、排风扇等电气开关。

（5）室内煤气管道不应设在潮湿的室内，必须铺设时，应采取防腐措施；室内煤气管道应采用镀锌钢管，且不应穿过卧室、浴室，如必须穿过，应加套管；用气计量表应安装在室内通风良好的地方，严禁安装在卧室、浴室和放置化学危险品与可燃物的地方；煤气炉灶不得在地下室或无人居住的房间内使用；煤气炉与管道的连接不宜采用软管，如必须使用时，其长度不应超过 2 米，两端必须扎牢。每次使用完毕后，应将管道一端的阀门关紧，以防漏气；如发现漏气时，应立即采取通风措施，并通知供气部门检修，在任何情况下，都严禁使用明火试漏。

（6）家庭成员平时要相互提醒，出门之前应仔细检查房间电源插头是否拔掉，家用电器电源是否已经关闭。有小孩的家庭更要注意，避免让小孩独自在家。另外，家长要经常教育孩子预防火灾，并将打火机等危险品放在孩子够不到的地方。尤其值得借鉴的是，有的家庭在房间的醒目位置张贴一条警示标语，能起到很好的提醒作用。

（7）在一般散热条件下，居民家庭所使用的白炽灯泡通电后，其表面温度是不同的。比如 40 瓦灯泡的表面温度是 50℃～63℃，60 瓦为137℃～180℃，100 瓦为 170℃～216℃。一般的可燃物，如棉花、布匹、纸张等的燃点都在后两种温度范围之内。所以，使用各种灯具一定要与可燃物保持安全距离。

（8）在选购插座时，一定要选正规厂家生产的合格产品。多孔插座可按插座板上标明的功率接连电器，不可同时连接大功率电器。不要只图方便，把两根线头直接插入插孔内，以防发生短路而引起火灾事故。

（9）尽量不要同时使用过多的电器，以免超负荷引起火灾。如保险丝被烧断，可能是线路发生了故障，应及时请电工维修。万一电器起火，要先切断电源，再用湿棉被或湿衣服将火压灭。电视机起火，灭火时特别注意要从侧面靠近电视机，以防显像管爆炸伤人。另外，不要随便延长或乱拉电器设备的导线，也不要把电线置于人员来往频繁容易踩踏的地方或家具、地毯下面，以防发生短路。

（10）院落和楼道都是火灾现场人员脱险逃生的通道，也是消防人员抢救受灾人员生命财产的必经之路，因此，住户切勿在楼道里堆放杂物，存放自行车等。住在庭院的家庭，应及时清理院内杂物。

（11）深夜是火灾发生的危险时刻，对此要有充分的思想准备。家庭成员要牢记"119"火警电话，一旦发生火灾要迅速报警。报警时要先讲清着火位置：所在街道、胡同、门牌号码等。其次，要说明是什么东西着火，火势怎样。第三，要讲清报警人的姓名、电话号码。报警后，要安排人到街道口等候和导引消防车进入

发现别的屋失火，千万不要开门

火场。

（12）头脑里要有一张清单，明白家里房间的一切可能逃生的出口。例如门、窗、天窗、阳台等。应该想到每间卧室至少有两个出口，就是说，除了门外，窗户能作为紧急出口使用。知道几条逃生路线，就可以在主要通道被堵时，走别的路线求生。

（13）绘一张住宅平面图，用特殊标志标明所有的门窗，在危急关头，可以用椅子或其他坚硬的东西砸碎窗户玻璃。平面图上要标明每一条逃生路线，注明每一条路线上可能遇到的障碍，画出住宅的外部特征，标明逃生后家庭成员的集合地点。

（14）家中要备好四件"宝物"：第一宝，家用灭火器。如果在家中备好灭火器，并能熟练地操作它，就可将小火及时扑灭；第二宝，（保险）绳。遇到较大火灾时，如果你住在 3 楼以上，楼梯的通道被堵塞，或者木制楼梯被烧坏，在这样的情况下，如果家中有一条又粗又长的绳子，那么可将绳子分段打结，然后拴在牢固的物体上，沿着绳子攀缘而下，就能顺利逃生。第三宝，手电筒。夜间失火，电路烧坏以后，屋内一片漆黑。这时，就需要一只手电筒照明，照出一条逃生之路。第四宝，一个简易防烟面具。火场的烟雾是有毒的，许多丧生者都是被烟熏窒息而死的，如果家中备有一只防烟面具，在危急关头，就能抵御有毒烟雾的侵袭而死里逃生。

12. 家里失火怎么办

案例一：2009 年 5 月的一天晚上，北京市朝阳区某小区 18 号楼的张女士在睡梦中被一股刺鼻的味道熏醒，她从床上起来准备出去看看，结果刚拉开卧室的门，她还没明白怎么回事，大火就朝她身上扑了过来，年轻的张女士就这样在火灾中丧生了。

案例二：20 世纪 80 年代，3 月的一天晚上，住在美国新泽西州一栋两层楼房子里的一个名叫托马斯的 10 岁男孩突然被房间外面的巨大响声惊醒，他打开房门，只见房子内外都是熊熊的火焰，而呛人的浓烟立即灌进他的房间。这时候，他听见父亲的大声呼唤："着火了，大家赶快跑出房间!"由于房间里充斥着浓烟，托马斯立即卧倒，向着门外匍匐前进。最后他与父亲、母亲和兄弟等全家人都在大门外的草地上会合，前后不到一分钟。

两个案例同样都是家庭失火，可是案例一中的女主人生灵涂炭，命赴黄泉；而案例二中的一家人却化险为夷，死里逃生。这固然与起火时间、地点、火势大小、建筑物内消防设施等因素有关。但是，能否从火灾里逃生，还要看被火围困的人员，在灾难临头时有没有自救逃生的本领。那么，在火场中如何逃生自救呢? 这里向你介绍几种方法。

(1) 熟悉环境。就是要了解和熟悉我们经常或临时所处建筑物的消防安全环境。对我们通常工作或居住的建筑物，事先可制定较为详细的逃生计划，以及进行必要的逃生训练和演练。对确定的逃生出口、路线和方法，要让所有成员都熟悉掌握。必要时可把确定的逃生出口和路线绘制成图，张贴在明显的位置，以便平时大家熟悉，一旦发生火灾，则按逃生计划顺利逃出火场。

(2) 发现火情，沉着镇定，迅速撤离法。逃生行动是争分夺秒的行动。一旦听到火灾警报或意识到自己可能被烟火包围，千万不要迟疑，要立即跑出房间，设法脱险，切不可延误逃生良机。如果是在火灾初期，燃烧面积不大，可考虑自行扑灭。如果火情发展较快，要迅速逃离现场，向外界寻求帮助。1989 年，吉林省东辽县就曾发生过一位青年妇女已经逃离险境又返回火场穿衣服、抢拿财物，导致丧命火场的悲剧。一般说，火灾初期烟少火小，只要迅速撤离，是能够安全逃生的。

（3）扑灭小火，争分夺秒。当刚发生火灾时，应争分夺秒，奋力将小火控制扑灭；千万不要惊慌失措地乱叫乱窜，置小火于不顾而酿成大灾。

（4）大声呼救，及时报警。"报警早，损失少"，一旦发现火情，既要积极扑救，又要及时报警。拨打火警电话时，接通后首先确认是否是消防队，得到肯定回答后，即可报警。说清起火单位及其街、路、门牌号。要说清起火地点、着火物品与火势大小，是否有人被围困。要讲清报警人的姓名、所用电话的号码。

（5）室内起火后，如果火势一时难以控制扑灭，要先将室内的液化气罐和汽油等易燃易爆竹危险品抢出。在人员撤离房间的同时，条件允许的情况下可将贵重物品搬出。但如果室内火已烧大，不可以因为寻钱救物而贻误疏散良机，更不能重新返回着火房间去抢救物品。

（6）用毛巾或棉被保护自己。逃生时，可把毛巾浸湿，叠起来捂住口鼻，无水时，干毛巾也可。身边如没有毛巾，餐巾布、口罩、衣服也可以代替。要多叠几层，使滤烟面积增大，将口鼻捂严。穿越烟雾区时，即使感到呼吸困难，也不能将毛巾从鼻子上拿开。也可以将棉被浇湿披在身上从安全出口逃生。

（7）发现封闭的房间内起火，不要随便打开门窗，防止新鲜空气进入，扩大燃烧。要先在外部察看火势情况。如果火势很小或只见烟雾不见火光，可以用水桶、脸盆等准备好灭火用水，迅速进入室内将火灾扑灭。如果火已烧大，就要呼喊邻居，共同做好灭火准备工作后，再打开门窗，

用毛巾或棉被保护自己

81

进入室内灭火。

（8）在高层建筑中，电梯的供电系统在火灾时随时会断电，或因热的作用电梯变形而使人被困在电梯内，同时由于电梯井犹如贯通的烟囱般直通各楼层，有毒的烟雾会直接威胁被困人员的生命，因此，千万不要乘普通的电梯逃生。

（9）通道逃离。楼房着火时，应根据火势情况，优先选用最便捷、最安全的通道和疏散设施，如疏散楼梯、消防电梯、室外疏散楼梯等。从浓烟弥漫的建筑物通道向外逃生，可向头部、身上浇些凉水，用湿衣服、湿床单、湿毛毯等将身体裹好，要低势行进或匍匐爬行，穿过险区。如无其他救生器材时，可考虑利用建筑的窗户、阳台、屋顶、避雷线、落水管等脱险。

（10）绳索滑行自救。当各通道全部被浓烟烈火封锁时，可利用结实的绳子，或将窗帘、床单、被褥等撕成条，拧成绳，用水沾湿，然后将其拴在牢固的暖气管道、窗框、床架上，被困时可顺绳索沿墙缓慢滑到地面或下到未着火的楼层而脱离险境。

（11）低层跳离法。如果被火困在二层楼内，若无条件采取其他自救方法并得不到救助，在烟火威胁、万不得已的情况下，也可以跳楼逃生。但在跳楼之前，应先向地面扔些棉被、枕头、床垫、大衣等柔软物品。然后用手扒住窗台，身体下垂，头上脚下，自然下滑，以缩小跳落高度，并使双脚首先落在柔软物上。如果被烟火围困在三层以上的高层内，千万不要急于跳楼，因为距地面太高，往下跳时容易造成重伤和死亡。只要有一线生机，就不要冒险跳楼。

（12）寻找暂时的避难处所。在无路可逃生的情况下，应积极寻找暂时的避难处所，以保护自己，择机而逃。如果在综合性多功能大型建筑物内，可利用设在电梯、走廊末端以及卫生间附近的避难间，躲避烟火的危害。如果处在没有避难间的建筑里，被困人员应创造避难场所与烈火搏斗，求得生存。首先，应关紧房间迎火的门窗，打开背火的门窗，但不要打碎玻璃，窗外有烟进来时，要赶紧把窗子关上。如门窗缝或其他孔洞有烟进来时，要用毛巾、床单等物品堵住，或挂上湿棉被、湿毛毯、湿床袋等难燃物品，并不断向迎火的门窗及遮挡物上洒水，最后淋湿房间内一切可燃物，一直坚持到火灾熄灭。另外，在被困时，要主动与外界联系，以便极早获救。如房间有电话、对讲机、手机，要及时报警。如没有这些通讯设备，白天可用各色的旗子或衣物摇晃，向外投掷物品，夜间可摇晃点着的打火机、划火柴、打开电灯、手电向外报警求援，直到消防队来救助脱险或在能疏散的情况下择机逃生。在逃生过程中如果有可能应及时关闭防火门、防火卷帘门等防火分隔物，启动通风和排烟系统，以便赢得逃生的救援时机。

（13）家庭火灾巧用工具。家用小型灭火器是扑救家庭火灾的不二之选。此外，也要学会巧用身边的灭火器材。水是家中最简单也是最有效、最方便的灭火剂，但电器、油锅着火，不能用水扑灭。另外，黄沙、用水淋湿的棉被、毛毯、扫帚、拖把、衣服等也可用作打灭小火的工具。

（14）无论自家或邻居起火，都应立即报警并积极进行扑救。及时准确地报警，可以使消防人员迅速赶到，及早扑灭火灾。根据火情也可以采取边扑救、边报警的方法。但绝不能只顾灭火或抢救物品而忘记报警，贻误时机，使本来能及时扑灭的小火酿成火灾。

（15）如果身上着了火，千万不要奔跑，因为奔跑时，会形成一股小风，大量新鲜空气冲到着火人的身上。着火的人先尽量先把衣帽脱掉，身上着火，一般总是先烧着衣服、帽子，所以，最重要的是先设法把衣帽脱掉，如果一时来不及，可把衣服撕碎扔掉。脱去了衣帽，身上的火也就灭了。衣服在身上烧，不仅会使人烧伤，而且还会给以后的治疗增加困难；如果来不及脱衣，也可卧倒在地上打滚，把身上的火苗压熄。倘若有其他人在场，可用湿麻袋、毯子等把身上着火的人包裹起来，或者向着火人身上浇水，或帮助将燃烧着的衣服脱下或撕下；如果身上火势较大，来不及脱衣服，旁边又没有其他人协助灭火，则可以跳入附近的池塘、小河等水中去，把身上的火熄灭。虽然，这样做可能对以后的烧伤治疗不利，但是，至少可以减轻烧伤程度和面积。

（16）在逃生过程中，不要浪费时间去穿衣戴帽，或者去寻找贵重的物品。当然，在条件允许的情况下，积极地抢救物品是可以的，但是如果来不及抢救，应当尽快地逃生，不要因为寻找物品而受到伤亡，特别是当跑到室外以后又因牵挂室内的物品，重返火场，这样做相当危险。古今中外，火场中因贪财而丧命者不乏其例。

13. 做好家庭防震准备

30 多年来，我国发生了两次惨绝人寰的地震灾害。一次是发生在 1976 年 7 月 28 日的唐山大地震，一次是 2008 年 5 月 12 日的汶川大地震。这两次强烈的地震造成巨大的人员伤亡和难以计数的经济损失，为全世界所震惊。

俗话说"有备无患"，如果我们能够在日常生活中就做一些防震准备，比如说排查并去除居住环境中存在的安全隐患，家中物品摆放合理有序，做好地震应急物品的准备，进行必要的防震演习等，都有助于我们在地震来临时采取最佳的应对办法从而降低地震伤亡率，最大限度地保障生命安全和减少财产损失。家庭防震应该做好以下准备：

（1）了解住房周边的环境。地震发生时，最重要的是脱离险境，到达安全的地方，而对于住房周边的环境进行熟悉，是地震发生时能够成功逃离的前提条件。在地震发生时的危急关头，更应该知道哪里是安全的，而哪里又是危险的，要知道这些，就必须在平时通过熟悉住房周边环境来实现。

（2）检查和加固住房。除了住房周边的环境外，地震中影响人们生命安全的最重要的就是住房本身了。就住房的抗震性能如何，我们可以从场地与地基、房屋结构、房屋的新旧和破坏程度、房屋的附属设施情况来进行判定。

为了提高房屋的抗震性能，定期对房屋进行加固是必要的。在房屋加固过程中，应视房屋的不同结构、不同材料、不同破坏部位等具体情况而定。对于构件加固一般有：扩大截面法、外包钢法、改变结构传力途径加固法、耗能框架减震法、锚杆静压桩加固法、压密注浆加固法、预应力加固法等。用于补墙的一般有：灌浆补缝、碳纤维补墙、植筋等。

（3）家中物品的摆放要有利于避震。地震时，室内家具、物品的倾倒、坠落等，常常是致人伤亡的重要原因，因此家具物品的摆放要合理。

要掌握这样几个原则：

①防止掉落或倾倒伤人、伤物，堵塞通道。把悬挂的物品拿下来或设法固定住；高大家具要固定，顶上不要放重物；组合家具要连接，固定在墙上或地上；橱柜内重的东西放下边，轻的东西放上边；储放易碎品的橱柜最好加门、插销；尽量不使用带轮子的家具，以防震时滑移。

把墙上的悬挂物取下来，防止掉下来伤人

②有利于形成三角空间以便震时藏身避险。将坚固的写字台、床或低矮的家具下腾空；把结实家具旁边的内墙角空出来；有条件的可按防震要求布置一间抗震房。

③保持对外通道的畅通，便于震时从室内撤离。室内家具不要摆放太满；房门口、内外走廊上不要堆放杂物。

④清理家里的危险品，包括易燃物：煤油、汽油、酒精、油漆、稀料等；易爆品：煤气罐、氧气瓶等；易腐蚀的化学物品：硫酸、盐酸等；有毒物品：杀虫剂等。把用不着的以上物品尽早清理掉。必须留下的要存放好：防撞击，防破碎；防翻倒，防泄漏；防燃烧，防爆炸。

⑤做好卧室的防震措施。睡觉时人对地震的警觉力最差，从卧室撤往室外的路线较长，因此，按防震要求布置卧室至关重要。床的位置要避开外墙、窗口、房梁，摆放在坚固、承重的内墙边；床上方不要悬挂吊灯、

镜框等重物；床要牢固，最好不使用带有轮子的床；床下不要堆放杂物；可能时给床安一个抗震架。

（4）准备防震物品。地震常常在人们毫无防备的时候到来，而在最初的一段时间内，很可能得不到外界的救助，所以，在你经常的生活场所比如说家里、办公室、车里准备一个"防震包"是很有必要的。防震包必须结实，必须放置在容易拿到的地方，一旦发生地震，外部救援尚未到达的情况下，地震包里的物品应该可以帮助受灾者度过这一关键时刻。地震包里应该准备这些物品：

①饮用水。建议你购买一些瓶装水，并要注意保质期。如果你准备用自己的容器装水，你应该从军用品或者野营用品专门店购买那种不漏气的、专门储存食品的盛水容器。在装水之前，要用餐具专用洗涤剂和水清洗容器，并用水冲净，以免洗涤剂残留。容器内的水必须定期更换。除了水之外，还需要一些净化用的药片，比如哈拉宗、高碘甘氨酸，但在使用这些药片之前，一定要先看看瓶子上的标签。请向专业人士或医护人员咨询上述药品的使用。

②食品。准备足够72小时之用的听装食品或脱水食品、奶粉以及听装饮料。干麦片、水果和无盐干果是很好的营养源。请注意以下几点：不要选择那些让你容易口渴的食品，选择无盐饼干、全麦麦片和富含流质的罐装食品；只储备无需冷藏、烹饪或特殊处理的食品；如果家里有婴儿或有特殊饮食需要者，也应该为他们准备好相应的食品；应该准备一些厨房用具和炊具，尤其是手动开罐器。

③日常用品。一两套替换衣服、手电筒、火柴、蜡烛、小刀、袖珍收音机、洗脸用具（香皂、肥皂、牙刷、牙膏、手巾、梳子等）、

手纸（包括妇女卫生纸、有婴孩的还应准备好尿布）、个人常用防身药品（伤药、止痛药、胃药、感冒药等）、茶杯、饭盒、适量现金等。

④其他可能用到的物品。你能想到的震时或震后可能用到的其他物品，比如塑料袋、雨衣或雨伞、绳索、口罩、手帕、急救卡片（注明姓名、地址、工作单位、电话号码、本人血型、联系人姓名等项内容，便于他人营救时参考）等。

（5）家庭在平时也有必要进行防震演练，演习可以按以下几个方面进行：

①一分钟紧急避险。假设地震突然发生，在家里怎样避震？设定地震发生时全家人在干什么？地震强度可设为一次破坏性地震。避震方式：是室内避震，还是室外避震？根据每人平时正常生活环境，确定避震位置和方式。演习结束后计算一下时间，是否达到紧急避震的时间要求，总结经验，修改行动方案后再做演练。

②震后紧急撤离。假设地震停止后，如何从家中撤离到安全地段，撤离时要带上防震包，青年人负责照顾老年人和孩子，要注意关上水、电、气和熄灭炉火。

③紧急救护演习。掌握伤口消毒、止血、包扎等知识，学习人工呼吸等急救技术，了解骨折等受伤肢体的固定，以及某些特殊伤员的运送、护理方法。

14. 地震来了怎么办

当地震降临，我们采取正确的避震方法会为我们赢得最大的生存几率。家庭避震方法主要有以下几点：

（1）迅速做出正确抉择。在震中及其附近地区，从地震发生到房屋倒塌，一般有12秒钟左右的时间，作为个人，应当保持冷静，在生死12秒内作出正确躲藏的抉择。当地震袭来时，从你意识到"这是一次地震"到你完全被地震控制之间，尚有十几秒钟的时间，应利用这宝贵的十几秒钟，尽快躲到离你最近的安全的地方。

经过多年来的地震总结，地震后房屋倒塌时在室内形成三角空间是人们避震的相对安全地点，可称其为避震空间。当地震发生时，如果在室内要注意利用它们，为我们成功避震增加砝码。此外，震时应顺手将门窗打开，避免因地震变形而无法逃生。

对于住在楼房的居民，应选择厨房、卫生间等空间小的地方避难；也可躲在内墙根、墙角，坚固的家具旁等易于形成三角空间的地方，千万不可慌张奔跑；要远离外墙、门窗和阳台；不要用电梯，更不能跳楼。住平房的居民，根据具体情况或选择小开间、坚固家具旁就地躲藏，或者跑出室外空旷地带。同时要紧急关闭所有的火源，包括电源和煤气等。

（2）及时关火。需要特别关注的是：如果震时的你正在用火，应遵循摇晃时立即关火，失火时立即灭火的原则。大地震时，仅依赖消防车来灭火是不现实的，要想将地震灾害控制在最低程度，及时的自救显得尤为重要。从平时就养成即便是小的地震也关火的习惯吧。为了不使火灾酿成大祸，为避震自救创造更为安全的环境，家人及左邻右舍之间互相帮助，以及厉行早期灭火是极为重要的。

（3）注意避雷。地震发生以后，如果遇上雷雨天气，或者是地处多雷区，则要特别注意采取避雷措施。具体地，应该采取这些措施来避雷：

关闭门窗，不要把头手伸出窗外，不宜靠近建筑物外墙，更别用手触摸窗户的金属架。尽可能关闭各类家用电器，拔掉电源插头和闭路电视、电话的接入线，尽量避免使用电话等电器，以防雷电沿线路入侵，造成火灾或人员触电伤亡。尽量不要靠近室内的金属管线（包括水管、暖气管、煤气管）以及有电源插座的地方。尽量不要在吊灯下坐立。

不宜使用淋浴器冲凉，尤其不要用太阳能热水器洗澡。这主要是因为万一建筑物被雷直击时，巨大的雷电流将沿着建筑物的外墙、供水管道流入地下，雷电流有可能沿着水流导致淋浴者遭雷击伤亡（平时还要注意检查太阳能热水器金属部件是否有防雷接地）。

（4）延缓生存时间。震后如发现自己不能脱险时，应采取延缓生存时间的自救措施。地震引起房倒屋塌时，空气中漂浮着大量灰尘，因此，首先要防止呼吸道被尘埃堵塞；其次决定生死的首要条件是有无空气，故不要乱喊叫，尽量节省氧气，保存体力；再者要冷静观察自身所处环境，努力创造供生存的安全空间和易于被外面人发现的条件。

（5）被埋要保存体力。如果震后不幸被废墟埋压，要尽量保持冷静，设法自救。无法脱险时，要保存体力，尽力寻找水和食物，创造生存条件，耐心等待救援人员。

这里要特别提到的是，如果身处高楼，地震时要特别注意以下三个方面：

（1）震时保持冷静，震后走到户外，这是避震的国际通用守则。国内外许多起地震实例表明，在地震发生的短暂瞬间，人们在进入或离开建筑物时，被砸死砸伤的概率最大。因此专家告诫，室内避震条件好的，首先要选择室内避震。如果建筑物抗震能力差，则尽可能从室内跑出去。

对于高楼建筑的抗震标准，我们国家都有相关的规定，也就是说高楼在建造的时候就已经根据当地发生地震的可能性大小和可能发生地震震级的大小进行了防震设计。只要是符合设计标准的建筑，只要地震的破坏程度没有超出房屋的抗震设计要求，高楼在地震时是不会马上发生倒塌的。因此，地震发生时先不要慌，要保持视野开阔和机动性，以便相机行事。特别要牢记的是，不要滞留床上；不可跑向阳台；不可跑到楼道等人员拥挤的地方去；不可跳楼；不可使用电梯，若震时在电梯里应尽快离开，若门打不开时要抱头蹲下。另外，要立即灭火断电，防止烫伤触电和发生火情。

（2）避震位置至关重要。高楼避震中，可根据建筑物布局和室内状况，审时度势，寻找安全空间躲避。最好找一个可形成三角空间的地方。蹲在暖气旁较安全，暖气的承载力较大，金属管道的网络性结构和弹性不易被撕裂，即使在地震大幅度晃动时也不易被甩出去；暖气管道通气性好，不容易造成人员窒息；管道内的存水还可延长存活期。更重要的一点是，被困人员可采用击打暖气管道的方式向外界传递信息，而暖气靠外墙的位置有利于最快获得救助。

需要特别注意的是，当躲在厨房、卫生间这样的小空间时，尽量离炉具、煤气管道及易破碎的碗碟远些。若厨房、卫生间处在建筑物的犄角旮兒里，且隔断墙为薄板墙时，就不要把它选择为最佳避震场所。此外，不要钻进柜子或箱子里，因为人一旦钻进去后便立刻丧失机动性，视野受阻，四肢被缚，不仅会错过逃生机会还不利于被救；躺卧的姿势也不好，人体的平面面积加大，被击中的概率要比站立大 5 倍，而且很难机动变位。

（3）近水不近火，靠外不靠内。这是确保在都市震灾中获得他人及时救助的重要原则。不要靠近煤气灶、煤气管道和家用电器；不要选择建筑物的内侧位置，尽量靠近外墙，但不可躲在窗户下面；尽量靠近水源处，一旦被困，要设法与外界联系，除用手机联系外，可敲击管道和暖气片，也可打开手电筒。

15. 鼻子流血了

人的鼻子是很敏感的器官，鼻腔内血管非常丰富而且比较浅，在经受外来刺激而受伤时常常容易出血。通常流鼻血多由外力伤害所致，例如鼻子受撞击。而气候过度干燥（使鼻膜开裂）、气压突然改变、用指甲挖鼻孔、擤鼻涕过猛也可能使鼻黏膜受伤而流血。有的儿童在春天或高温天气也易出鼻血。

流鼻血有两种类型：前位型及后位型。后位型主要影响老年人，尤其是高血压患者。此型中，血液由鼻子后面流出，沿着口腔后部流进喉咙，不论患者处于什么姿势。严重者，血流的方向可能前、后皆有。这种流鼻血需要医院的看护。常见的流鼻血属于前位型，它由鼻子前方流出。站立或坐下时，血由一边或双边鼻孔流出。躺卧时，则血流可能进入喉咙。

流鼻血时，一般人都习惯于将头向后仰，鼻孔朝上，认为这样做可以有效止血，其实是错误的，如此做只是眼不见血外流，但实际上血还是继续的在流——在向内流。流鼻血时"后仰的姿势"会使鼻腔内已经流出的血液因姿势及重力的关系向后流到咽喉部，并无真正止血效果；咽喉部的血液会被吞咽入食道及胃肠，刺激胃肠黏膜产生不适感或呕吐；出血量大时，还容易吸呛入气管及肺内，堵住呼吸气流造成危险。

在处理流鼻血的时候，主要遵循以下具体方法：

（1）将血块擤出。止血之前，先试着将血块擤出。因为堵在血管内的血块使血管无法闭合。血管内有弹性纤维，当你去除血块，这些弹性纤维才有办法收缩，使流血的开口关闭。有时候，擤完鼻子，用手稍微捏紧鼻子，也能停止流血。

（2）塞纱布或湿棉花。在两边鼻孔内各塞入一小块消毒过的湿纱布，但也有专家偏好用白醋将棉花沾湿。醋里的醋酸会轻微地灼烧。但充血剂仅能提供暂时的止血，你若滥用它，可能会伤害鼻膜。

（3）擤过鼻血（清除血块）及塞过棉花之后，用拇指及食指将鼻孔捏在一起，持续压紧5～7分钟。假使仍未止血，再重复塞棉花及捏鼻子的动作，仍然压5～7分钟。这样应可收到止血功效。

（4）坐直，以免血液流到喉咙。

（5）冰敷可促使血管收缩，减少流血。另外，要注意冰敷的位置。"冰敷额头"的作用是希望借额头的皮肤遇冷时，能达到鼻部血管收缩以止血，但其效果并不好，因为距离出血的鼻孔部位太远，且局部过于冰冷会引起头部不适，所以正确的方法是可直接冰敷在"鼻根"及"鼻头"（即整个鼻子）上面。

（6）血液凝结后，将形成血块结痂，此时最好不要挖鼻孔，以免剥落结痂，造成鼻血复发。

（7）涂抹抗生素或类固醇软膏，可止痒也可防止黏液干硬。

（8）左（右）鼻孔流血，举起右（左）手臂，数分钟后即可止血。

（9）将流血一侧的鼻翼推向鼻梁，并保持5~10分钟，使其中的血液凝固，即可止血。如两侧均出血，则捏住两侧鼻翼。鼻血止住后，鼻孔中多有凝血块，不要急于将它弄出，尽量避免用力打喷嚏和用力揉，防止再出血。

（10）患者左（右）鼻孔流血时，另一人用中指钩住患者的右（左）手中指根并用力弯曲，一般几十秒钟即可止血；或用布条扎住患者中指根，左（右）鼻孔流血扎右（左）手中指，鼻血止住后，解开布条。

（11）取大蒜适量，去皮捣成蒜泥，敷在脚心上，用纱布包扎好，可较快止血。

（12）让患者坐在椅子上，将双脚浸泡在热水中，可止鼻血。

如果发生流鼻血的情况，除了进行相应的紧急处理，或是到医院检查治疗外，还应该在饮食中注意补充相应的营养素：

（1）补充铁质。你若容易流鼻血，不妨考虑补充铁质，以帮助体内造血。铁是红血球中的主要物质——血红素的重要组成。

（2）补充维生素C。胶原蛋白是维持身体组织健康所必需的，而维生素C是形成胶原蛋白所必须的物质。上呼吸道组织里的胶原蛋白帮助黏液附着于适当的场所，使你的鼻窦及鼻腔内产生一个湿润的保护膜。

（3）补充维生素K。维生素K是正常凝血作用所必需的。其来源有苜蓿、海带及所有深绿色叶菜类。

16. 耳朵被"入侵"了

2008年7月13日晚上8时许，家住合肥栢景湾的少年洋洋在家人的带领下来到安医附院急诊室，直叫耳鸣耳痛听不清。原来，洋洋在小区游泳馆享受嬉水之乐时，耳朵不慎进了水，仿佛感觉有只虫子在里面。傍晚时，他买来棉棒，想把水掏出来。忙活了半个多小时，不但没将水弄出来，却把耳朵弄伤了，疼痛不已。医生诊断他得了急性分泌性中耳炎。

中小学生耳道尚未发育完全，而他们又天性好动，所以有异物进入耳道要小心处置，不然会伤害鼓膜造成不良后果，严重的则可能损害听力。中小学生洗澡或游泳时耳内极易进水，这时应及时将水弄出来以免引起炎症。

由于水有一定的张力，进入狭窄的外耳道后形成屏障而把外耳道分成两段，又由于水的重力作用，使水屏障与鼓膜之间产生副压，维持着水屏障两边压力平衡，使水不易自动流出。有时外耳道内有较大的耵聍阻塞，则水进入耳道后更易包裹于耵聍周围而不易流出。耳内进水后会出现耳内闭闷，听力下降，头昏，十分不舒服，因此人们往往非常迫切想把水排出来。有人甚至用不干净地夹子、火柴棒、小钥匙等掏耳，这样虽然可侥幸将水屏障掏破，使水流出，但也易损伤外耳道甚至鼓膜，而导致耳部疾病。

耳内进水后，要科学地进行处理，最常见的方法是：

（1）单足跳跃法。把头歪向进水耳朵一侧，令耳孔向下，用同侧地脚单脚原地连跳几次，同时用手拉扯耳朵，把耳道拉直，让水在重力的作用下，使水向下从外耳道顺势流出。

（2）活动外耳道法。可连续用手掌压迫耳屏或用手指牵拉耳郭，或反复地做张口动作，活动颞颌关节，均可使外耳道皮肤不断上下左右活动或改变水屏障在稳定性和压力地平稳，使水向外从外耳道流出。

（3）手掌吸水法。把进水耳朵歪向下，用同侧手掌紧压在耳郭上，屏住呼吸，尔后迅速松开手掌，连续几次，进水便会被吸出。

（4）棉花沾吸法。用消毒地脱脂棉或软性吸水纸卷成捻子，轻轻地伸入进水耳朵里，当捻子碰到水时，水就会被吸在捻子上。

耳朵进水后，如果得不到及时的处理，可能会引起外耳道炎、外耳道疖肿、耵聍阻塞、鼓膜炎、化脓性中耳炎等耳病。所以，若以上方法均未能把水分排出，为了避免形成耳病，这时应去医院检查，对症治疗。

耳朵除了可能进水外，还可能遭到小虫子的"入侵"。人的外耳道是一条一端开口的管道，长约 2.5~3 厘米。许多小虫尤其是小飞蛾、蚊子容易飞进耳朵里，小虫在耳道内爬行、骚动、挣扎，由于耳道里的肉皮比较娇嫩，神经丰富，觉得耳朵又痒又痛。这些虫子在耳道内爬行或飞动捣乱时，往往会给人们带来难以忍受的轰隆耳鸣声和疼痛。当飞虫触及到耳道深处的鼓膜时，还会引起头晕、恶心、呕吐等症状。如果你不断地触动耳道或耳郭，只会使耳道内的虫子乱飞乱爬，更增加痛苦。严重的会引起鼓膜外伤，损坏听小骨，影响听力。

小虫飞进耳朵后千万不可用掏耳勺乱掏，你一掏，小虫受到刺激就会向里飞，这样容易损伤鼓膜。正常的处理方法应该是：

（1）利用某些小虫向光性的生物特点，可以在暗处用手电筒的光照射外耳道口，小虫见到亮光后会自己爬出来。

（2）也可向耳朵眼里吹一口香烟，把小虫呛出来。

（3）侧卧使患耳向上，而后耳内滴入数滴食用油，将虫子粘住或杀死、闷死。

（4）当耳内的虫子停止挣扎时，再用温水冲洗耳道将虫子冲出。

（5）如果取出困难，则应该到医院的耳鼻喉科，让医生取出。

另外，耳朵内还可能进入植物种子，有报道称，有的人在小时候耳朵内进入了植物种子，由于没有进行适当的处理，导致成年后依然饱受折磨和痛苦。需要特别指出的是，不论是米粒、豆子、瓜子或任何种子粒进入耳朵内，都不能用滴油的方法，因为种子遇油会膨胀变大，难以弄出来，可用镊子夹或针挑的办法处置，如果无效应去医院进行处理。

17. 烫着了，好疼呀

龚某在煮菜时，想把锅里面的油倒出来时，那知道锅一晃，滚热的油倒在身上，把腹部和手多处烫伤，他连忙跑到水池边用自来水冲洗，但由于身上多处还是被烫出了水疱，而且烫伤处不断有渗出液体，疼痛难忍，于是到医院救治，经诊断为全身多处1度烫伤，医师立即为其进行了烫伤处理。

无独有偶，罗某在厨房烧开水，开水开了后，她没等水冷一点就急着把水倒进水壶里面去，一不小心晃动了一下水壶，开水从水壶溢出烫伤了左大腿，罗某马上用冷水冲洗，然后在烫伤处涂上蜂蜜，但烫伤处有巴掌大一片红，疼痛厉害，于是连忙在家人的陪同下来到医院就诊。

在日常生活中，如果不小心被烫伤了，在就医之前我们应该如何处理呢？下面就给出一些具体的建议：

（1）先用凉水把伤处冲洗干净，然后把伤处放入凉水浸泡半小时。一般来说，浸泡时间越早，水温越低（不能低于5℃，以免冻伤），效果越好。但伤处已经起泡并破了的，不可浸泡，以防感染。

（2）用淡盐水轻轻涂于灼伤处，可以消炎。

（3）在受伤处，擦上酱油或蜂蜜、猪油、狗油、生姜汁，均能收效。

（4）用鸡蛋清、熟蜂蜜或香油，混合调匀涂敷在受伤处，有消炎止痛作用。

（5）切几片生梨，贴于烫伤处，有收敛止痛作用。

（6）小儿烫伤后，用黑豆25克加水煮浓汁，涂搽伤处，有疗效。

（7）轻度烫伤，可将干废茶叶渣在火上焙微焦后研细，与菜油混合调成糊状，涂搽伤处，能消肿止痛。

（8）手足皮肤烫伤后，立即把酒精倒在盆内或桶内，将伤处全部浸入酒精中，即可止痛消红，防止起泡。若浸1~2小时，烫伤的皮肤可逐渐恢复正常。如伤处不在容易浸泡的部位，可用一块药棉浸入白酒中，取出贴敷在伤处，并随时将酒淋在药棉上，以防干燥，数小时后也能收到良好的效果。

（9）皮肤被油或开水烫伤后，可用风油精、万花油或植物油（如麻油）直接涂于创面，皮肤未破者，一般5分钟即可止痛。

（10）用金霉素眼药膏涂在伤处，数分钟后可以消肿止痛。

（11）烫伤后，马上抹些肥皂，可暂时消肿止痛。

（12）发生小面积烫伤时，立刻涂点牙膏，不仅止痛，且能抑制起水泡。已起的水泡也会自行消退,不易感染。

除了要掌握烫伤的一些紧急处理办法外,更重要的是要在日常生活中养成良好的习惯,避免烫伤的发生。只有在日常生活中留意以下重点,可有助减少被蒸气、滚水、滚汤、滚油等烫伤或因接触热的器皿、火焰、香烟等而被烧伤的机会。

(1)使用食器具时,打开热煲盖时要小心,免被蒸气烫伤;煲柄和煲咀要向内放,以免碰翻;预防煲干水,可选用会发声的水煲煲水;外出前、电话响或有人探访等,切记先关掉食炉及热水炉。

(2)拿取或运送器皿时,避免直接拿取或运送盛满的热水煲、汤煲和刚煮热的食物或饮品;拿取热器皿时,应用隔热手套或毛巾来隔热。

(3)易燃物品如报纸、火水或压缩式喷剂(像杀虫水)等,切勿放近火炉,以免发生意外;使用家用化学物品时,如镪水、力的通渠水、漂白水等,切记佩戴手套,避免用手直接接触这些化学物品,同时面部皮肤及眼睛要尽量与化学物品保持距离,以免被化学物品溅伤。

(4)沐浴时,要先放冷水,后加热水来调节水温,以免烫伤。使用热水袋时,盛水应不多于3/4的分量,要塞好活塞,检查热水袋无漏及无破裂,并加上袋套,方可使用。

社会生活篇

　　青少年不仅在学校和家庭里学习和生活，而且还必然会参与一些社会活动。在社会活动的过程中，也存在着这样那样的安全隐患，需要引起青少年的注意。掌握公共交通方面的知识和特殊情况下的自救互救知识，拥有一些公共场合和特殊紧急情况下的自我保护能力，在网络时代里学会防范网上交友、购物、支付的风险，自觉抵制毒品的诱惑、远离艾滋都是当今社会青少年所应该具有的素质。

1. 乱闯马路酿悲剧

　　2009 年 3 月 16 日下午 3 点 40 分左右，在位于云南昆明滇池路 7 千米附近的云大海埂校区门口，4 名该校女生在穿越马路的过程中不幸遭遇车祸，4 人都不同程度受伤，幸亏伤势并不是很严重。距离事故发生地点不到 50 米处就有一条人行横道线，但很少有学生去走。就在事故刚刚发生之后，不少该校学生仍然肆无忌惮地随意穿越马路。

　　2008 年 1 月，西安团市委发布了一份历时三个月，发放 30 万份调查问卷的《西安市中小学生交通意识状况调查》报告，报告指出，46.2% 的孩子宁肯闯红灯不愿上学迟到，55.7%的学生承认自己曾经乱穿马路。一边是闯红灯，一边是上学迟到，面对这样的选择，孩子们会做出怎样的决定呢？调查结果显示，有95.7%的被调查者认为自己能够或基本能够遵守交通规则，但实际上，当被问到"上学快迟到了，过马路时碰上红灯该怎么办？"时，能够坚持站在原地，等待绿灯亮时再过马路的中小学生仅为53.8%；在问及"跨越护栏的原因时"，有74.9%的被调查学生选择了赶时间或路太远。

从上面的例子和调查结果可以看出，当前，学生交通安全问题堪忧。正是因为在思想上的麻痹，才导致交通悲剧的发生。为了避免乱闯马路造成悲剧的发生，行人应当自觉遵守交通法，增强自我保护意识，防止交通事故发生。那么行人应如何注意交通安全呢？

（1）行人应走在人行道内，没有人行道的要靠边行走。

（2）通过路口或横过马路时，按照交通信号灯指示或听从交通民警的指挥通行。有交通信号控制的人行横道，应做到红灯停、绿灯行；从没有交通信号控制的路口通过时，

过马路要走人行横道

须注意车辆，不要追逐猛跑；有人行过街天桥或隧道的须走人行过街天桥或隧道。

（3）不要在道路上玩耍、坐卧或进行其他妨碍交通的行为；不要钻越、跨越人行护栏或道路隔离设施。

（4）通过没有交通信号灯或人行横道的路口，或在没有过街设施的路段横过道路时，应当注意来往车辆，看清情况，让车辆先行，不要在车辆

临近时突然横穿。应在确认安全后通过。

（5）学龄前儿童应当由成年人带领在道路上行走。

（6）高龄老人、行动不便的人上街最好有人搀扶陪同。

（7）行人要坚持交通安全的"五不要"原则。即不要在道路上强行拦车、追车、扒车或抛物击车；不要在道路上滑滑板、旱冰鞋等滑行工具；不要在道路上玩耍、坐卧或进行其他妨碍交通的行为；不要钻越、跨越人行护栏或道路隔离设施；不要进入内环路、外环路、高速公路、高架道路及行车隧道或者有人行隔离设施的机动车专用道。

为了更好地遵守交通规则，青少年朋友们应该理解下面的几个概念：

（1）交通标线。马路上，用漆划的各种各样颜色线条是"交通标线"。道路中间长长的黄色或白色直线，叫"车道中心线"。它是用来分隔来往车辆，使它们互不干扰。中心线两侧的白色虚线，叫"车道分界线"，它规定机动车在机动车道上行驶。非机动车在非机动车道上行驶。在路口四周有一根白线是"停止线"。红灯亮时，各种车辆应该停在这条线内。马路上用白色平等线像斑马纹那样的线条组成的长廊就是"人行横道线"。行人在这里过马路比较安全。

（2）隔离设施。交通隔离设施主要有行人护栏和隔离墩或绿化隔离带。行人护栏是用来保护行人安全，防止行人横穿马路走入车行道和防止车辆驶入行人道的。隔离墩或绿化隔离带是设在车行道上用来隔机动车与非机动车或来往车辆的。希望大家不要跨钻护栏和隔离墩或绿化隔离带，走进车行道，否则有被车辆撞倒的危险。

（3）交通信号灯。在繁忙的十字路口，四面都悬挂着红、黄、绿三色交通信号灯，它是不出声的"交通警"。红绿灯是国际统一的交通信号灯。红灯是停止信号，绿灯是通行信号。交叉路口，几个方向来的车都汇集在这儿，有的要直行，有的要拐弯，到底让谁先走，这就是要听从红绿灯指挥。红灯亮，行或左转弯，在不碍行人和车辆情况下，允许车辆右转弯；绿灯亮，准许车辆直行或转弯；黄灯亮，停在路口停止线或人行横道线以内，已经继续通行；黄灯闪烁时，警告车辆注意安全。

2. 违规骑车危险多

据《拉萨晚报》报道，2009 年 7 月 24 日下午 17 点 30 分左右，在夺底路与二环路交叉口，一年轻人骑自行车行驶在区司法厅附近的非机动车道上，在离前方十字路口的人行横道不到 10 米远的地方，突然拐弯直接横穿马路，与一辆从后方急驶而来的出租车撞了个正着。年轻人手臂受伤，自行车被严重撞坏。出租车前保险杠也因为撞击而脱落。事后，小伙子因不遵守交通规则横穿马路的行为受到了执勤交警严厉批评。同一天 17 点 45 分左右，北京东路与林廓东路十字路口，指示南北走向车辆的绿灯亮了，等候的车辆纷纷启动。一辆出租车也随之开到了十字路口中间。突然，一位骑自行车的老人却无视红灯的存在，由东向西横穿十字路口，与出租车撞了个正着。自行车被撞出 2 米多远，老人摔在马路上很久都站不起来。

短短的半个小时之内，就发生了两起因为违规骑车造成的交通事故，可见问题的普遍性。另据调查分析，我国中小学生易发生交通事故的主要类型为骑自行车违规、行人违反交通规则、校车车祸事故等，其中，又以骑自行车违规为最易发生交通事故。红灯停绿灯行、过马路走人行横道都是基本的交通常识，但是在实际生活中，人们骑着自行车"横冲直撞"的行为却是屡见不鲜，许多交通事故也因此而发生。因此，骑自行车出行时一定要注意交通安全，具体地，应该做到以下注意事项：

（1）在划分机动车道和非机动车道的道路上，自行车应在非机动车道行驶。

（2）在没有划分中心线和机动车道与非机动车道的道路上，机动车在中间行驶，自行车应靠右边行驶。

（3）自行车的车闸、车铃、反射器必须保持有效。

（4）自行车不准安装机械动力装置。因为在通常情况下，自行车是在非机动车道上行驶的，也有将自行车道和人行道划在一起的路面情况。当自行车安装动力装置后速度大大增快，遇到行

骑自行车时要注意安全

人、残疾人和其他正常行驶的自行车时，就可能因避让不及而发生碰撞事故。

（5）未满12岁的儿童，不应在道路上骑自行车。

（6）自行车在大中城市市区或交通流量大的道路上载物，高度从地面算起不准超过1.5米，宽度左右各不准超出车把15厘米，长度前端不准超

出车轮，后端不准超出车身30厘米。

（7）骑自行车转弯，在转弯前须减速慢行，向后观望，并在适当的时候发出正确的转弯手势信号，表明行驶方向，不能突然猛拐。

（8）超车前应先看一看四周情况，确认安全后，再超越前车，同时要注意不能妨碍被超车辆的行驶。在超车的过程中，超车者要注意观察前面被超车的行驶方向及手势信号，防止被超车突然转向，导致两车相撞，发生事故。

（9）骑车人可以骑车横过道路，也可以下车推行，但横过四条以上车道必须下车推行，并且最好使用过街设施，如地道、天桥、斑马线等。使用这些设施横过道路时要注意避让行人。若骑车横过道路，骑车人要遵守安全骑车上路的有关规定和要求，在左右转弯处、环形路口、交通灯路口等地点，选择好行驶路线，把握好通行时机，安全通过。若推车横过道路，骑车人要双手扶把，遵守行人横过道路的有关规定，注意避让其他行人和车辆，安全横过马路。

（10）通过陡坡，横穿四条以上机动车道或途中车闸失效时，须下车推行。下车前须伸手上下摆动示意，不准妨碍后面车辆行驶。

（11）不准双手离把或手中持物。骑自行不准攀扶其他车辆，也不准牵引车辆或被其他车辆牵引。

（12）骑车时，除超车外，最好单排行车。不准扶身搭肩并行、互相追逐或曲折竞驶。

3. 乘坐汽车安全问题

2009年6月5日8时许，在四川省成都市三环路川陕立交桥进城方向下桥处，一辆9路公交汽车突发燃烧，造成乘客中27人死亡、74人受伤。这起事件让我们重新关注到乘车的安全问题，尤其是掌握一些紧急状态下的自救方法显得特别重要。

人们在乘坐汽车上应该注意如下事项：

（1）乘坐公共汽车、电车和长途汽车，须在站台或指定地点依次候车，待车停稳后，先下后上。下车后，不要突然从车前车后走出或猛跑穿越马路，防止被来往车辆撞上。

（2）车辆行进中，不要将身体的任何部分伸到车外，防止被车辆剐撞，或被树木、建筑物剐撞。同时，机动车在行驶中，严禁乘车人扒车和跳车。

（3）乘坐货车时，不要站立，更不可坐在车厢栏板上。因人站在车中，人体重心升高，拦板过低，容易被甩出。

（4）乘车人不要同司机攀谈，不应催促司机开快车，或用其他方式妨碍司机正常驾驶。

（5）要注意坐法。车子在遇到猛烈的冲击时，人体会向前倾倒，接着反弹向后恢复原位，而脖子也跟着向后用力冲击，因此容易撞到颈椎，导致严重的伤害。如果侧着身体，就能保护脖子。其次，向后恢复原位时身体再向前猛倒，头、脸有撞到前面坐椅靠背的危险。避免的方法是立即伸出一只脚，顶在前面坐椅的背面，并张开手掌，如像拳击手保护头、脸一样。

（6）要系好安全带。研究发现，如果乘客没有扣上安全带，座上乘客更危险，而且他本身的重量加上相撞时的冲力，会对自己和其他乘客安全构成极大的威胁。

近年来，汽车火灾事故时有发生，给国家和人民的生命财产造成了不应有的损失，教训是深刻的。下面介绍一些汽车火灾的扑救和逃生方法。

（1）当汽车发动机发生火灾时，驾驶员应迅速停车，让乘车人员打开车门自己下车，然后切断电源，取下随车灭火器，对准着火部位的火焰正面猛喷，扑灭火焰。

（2）汽车车厢货物发生火灾时，驾驶员应将汽车驶离重点要害部位（或人员集中场所）停下，并迅速向消防队报警。同时驾驶员应及时取下随车灭火器扑救火灾，当火一时扑灭不了时，应劝围观群众远离现场，以免发生爆炸事故，造成无辜群众伤亡，使灾害扩大。

（3）当公共汽车发生火灾时，由于车上人多，要特别冷静果断，首先应考虑到救人和报警，视着火的具体部位而确定逃生和扑救方法。如着火的部位在公共汽车的发动机，驾驶员应开启所有车门，令乘客从车门下车，再组织扑救火灾。如果着火部位在汽车中间，驾驶员开启车门后，乘客应从两头车门下车，驾驶员和乘车人员再扑救火灾、控制火势。如果车上线路被烧坏，车门开启不了，乘客可从就近的窗户下车。如果火焰封住了车门，车窗因人多不易下去，可用衣物蒙住头从车门处冲出去。

（4）当驾驶员和乘车人员衣服被火烧着时，如时间允许，可以迅速脱下衣服，用脚将衣服的火踩灭；如果来不及，乘客之间可以用衣物拍打或用衣物覆盖火势以窒息灭火，或就地打滚滚灭衣服上的火焰。

汽车上除了可能会发生火灾事故外，还可能因为各种原因，行驶进水里去。掌握这种情况下的自救方法也很必要。

（1）一旦落水，不能惊慌失措，双手抓紧扶手或椅背，让身体后仰，紧贴着靠背，随着车体翻滚。避免汽车在翻滚入水之前，车内人员被撞击昏迷，以致入水后，无法自救而死亡。

汽车着火后要迅速撤离车厢

（2）坠落过程中，应紧闭嘴唇，咬紧牙齿，以防咬伤舌头。汽车是有一定闭水性能的，汽车入水后，不要急于打开车窗和车门，而应该关闭车门和所有车窗，阻止水涌进。如有时间，开亮前灯和车厢照明灯，既能看清四周，也便利救援人员搜索。争取时间关上车窗和通风管道，以保留车厢内的空气。

（3）逐渐下沉中，车身孔隙不断进水，到内外压力相等时，车厢内水位才不再上升。这段时间要保持镇定，耐心等待。内外压力不等时，欲强行打开车门反而会方寸大乱，减少逃生机会。

（4）当水位不再上升时，做一个深呼吸，然后打开车门或车窗跳出。外衣需要先脱下，假如车门打不开，可用修车工具或在手上缠上衣服后打碎车窗玻璃。

（5）假如车里不止一人，应手牵着手一起出来，要确定没有留下任何人。

4. 乘坐火车安全问题

2008 年 4 月 28 日凌晨 4 点 41 分，北京开往青岛的 T195 次列车运行到胶济铁路周村至王村之间时脱线，与上行的烟台至徐州 5034 次列车相撞。造成 72 人死亡。火车发生事故通常有两类：与其他火车相撞或者火车出轨。当火车事故发生时，你在这种事故中几乎不可能完全不受伤，但是你可以做一些防护措施以尽量减少事故造成的伤害。

在判断火车失事的瞬间，应采取如下措施：

（1）脸朝行车方向坐的人要马上抱头屈肘伏到前面的坐垫上，护住脸部，或者马上抱住头部朝侧面躺下。在此时，快速反应是防范金属扭曲变形、箱

火车安全要牢记

包飞动、玻璃破损飞溅而受伤的最佳求生办法。

（2）背朝行车方向坐的人，应该马上用双手护住后脑部，同时屈身抬膝护住胸、腹部。

（3）发生事故时，如果座位不靠近门窗，应留在原位，抓住牢固的物体或者靠坐在坐椅上。低下头，下巴紧贴胸前，以防头部受伤。若座位接近门窗，就应尽快离开，迅速抓住车内的牢固物体。

（4）在通道上坐着或站着的人，应该面朝着行车方向，两手护住后脑部，屈身蹲下，以防冲撞和落物击伤头。如果车内不拥挤，应该双脚朝着

行车方向，两手护住后脑部，屈身躺在地板上，用膝盖护住腹部，用脚蹬住椅子或车壁，同时提防被人踩到。

（5）在厕所里，应背靠行车方向的车壁，坐到地板上，双手抱头，屈肘抬膝护住腹部。

（6）事故发生后，如果无法打开车门，那就把窗户推上去或砸碎窗户的玻璃，然后脚朝外爬出来。但是你要时刻注意碎玻璃是非常危险的，一旦你确认不会被碎玻璃划伤，你也许会被电击的危险所困扰，铁轨可能会有电。如果车厢看起来也不会再倾斜或者翻滚，待在车厢里等待救援是最安全的。

（7）确定火车停下需要跳车避险时，应注意对面来车并采取正确的跳车方法。跳下后，要迅速撤离，不可在火车周围徘徊，这样很容易发生其他危险。

（8）离开火车后，应设法通知救援人员。如附近有一组信号灯，灯下通常有电话，可用来通知信号控制室，或者就近寻找电话报警。

当所乘坐的火车发生火灾事故时，要沉着、冷静、准确判断，切忌慌乱，然后采取措施逃生：

（1）让火车迅速停下来。旅客首先要冷静，千万不能盲目跳车，那无疑等于自杀。使火车迅速停下是首要选择。失火时应迅速通知列车员停车灭火避难，或迅速冲到车厢两头的连接处，找到链式制动手柄，按顺时针方向用力旋转，使列车尽快停下来。或者是迅速冲到车厢两头的车门后侧，用力向下扳动紧急制动阀手柄，也可以使列车尽快停下来。

（2）在乘务人员疏导下有序逃离。运行中的旅客列车发生火灾，列车乘务人员在引导被困人员通过各车厢互连通道逃离火场的同时，还应迅速扳下紧急制动闸，使列车停下来，并组织人力迅速将车门和车窗全部打开，帮助未逃离火车厢的被困人员向外疏散。

当起火车厢内的火势不大时，列车乘务人员应告诉乘客不要开启车厢门窗，以免大量的新鲜空气进入后，加速火势的扩大蔓延。同时，组织乘客利用列车上灭火器材扑救火灾，还要有秩序地引导被困人员从车厢的前后门疏散到相邻的车厢。当车厢内浓烟弥漫时，要告诉被困人员采取低姿行走的方式逃离到车厢外或相邻的车厢。

（3）利用车厢前后门逃生。旅客列车每节车厢内都有一条长约20米、宽约80厘米的人行通道，车厢两头有通往相邻车厢的手动门或自动门，当某一节车厢内发生火灾时，这些通道是被困人员利用的主要逃生通道。火灾时，被困人员应尽快利用车厢两头的通道，有秩序地逃离火灾现场。

（4）利用车厢的窗户逃生。旅客列车车厢内的窗户一般为70厘米×60厘米，装有双层玻璃。在发生火灾情况下，被困人员可用坚硬的物品将窗户的玻璃砸破，通过窗户逃离火灾现场。

5．乘船的安全

为了保证乘船的安全，乘客应该注意如下安全事项：

（1）不夹带危险物品上船。

（2）不要乘坐缺乏救护设施、无证经营的小船，也不要冒险乘坐超载的船只或者"三无"船只（没有船名、没有船籍港、没有船舶证书）。

（3）上下船时，必须等船靠稳，待工作人员安置好上下船的跳板后方可行动；上下船不要拥挤，不随意攀爬船杆，不跨越船挡，以免发生意外落水事故。

（4）上船后，要仔细阅读紧急疏散示意图，了解存放救生衣的位置，熟悉穿戴程序和方法，留意观察和识别安全出口处，以便在出现意外时掌握自救主动权。同时按船票所规定的舱位或地点休息和存放行李，行李不能放在阻塞通道和靠近水源的地方。

（5）客船航行时不要在船上嬉闹，不要紧靠船边摄影，也不要站在甲板边缘向下看波浪，以防眩晕或失足落水；观景时切莫一窝蜂地涌向船的一侧，以防船体倾斜，发生意外。

航行中的船只远离陆地使所有旅客结合成为一个临时集体。如果船只在水上发生事故，大家应患难与共，听从船上统一指挥，这样才能保证船上施救措施的正常进行，使大家转危为安，逃脱险境。运载旅客的轮船遇险后，乘客需要保持冷静，沉着应对；要听从工作人员的指挥，迅速穿上救生衣，不要惊慌，更不要乱跑，以免影响客船的稳定性和抗风浪能力。

客船发生火灾时，盲目地跟着已失去控制的人乱跑乱撞是不行的，一味等待他人救援也会贻误逃生时间，积极的办法是赶快自救或互救逃生。

（1）当客船在航行时机舱着火，机舱人员可利用尾舱通向上甲板的出入孔逃生。船上工作人员应引导船上乘客向客船的前部、尾部和露天板疏散，必要时可利用救生绳、救生梯向水中或来救援的船只上逃生，也可穿上救生衣跳进水中逃生。如果火势蔓延，封住走道时，来不及逃生者可关闭房门，不让烟气、火焰侵入。情况紧急时，也可跳入水中。

（2）当客船前部某一楼层着火，还未蔓延到机舱时，应采取紧急靠岸或自行搁浅措施，让船体处于相对稳定状态。被火围困人员应迅速往主甲板、露天甲板疏散，然后，借助救生器材向水中和来救援的船只上逃生。

（3）当客船上某一客舱着火时，舱内人员在逃出后应随手将舱门关上，以防火势蔓延，并提醒相邻客舱内的旅客赶快疏散。若火势已窜出封住内走道时，相邻房间的旅客应关闭靠内走廊房门，从通向左右船舷的舱门逃生。

（4）当船上大火将直通露天的梯道封锁致使着火层以上楼层的人员无法向下疏散时，被困人员可以疏散到顶层，然后向下施放绳缆，沿绳缆向下逃生。

如果客船遇到严重事故，虽经全力抢救但仍无法使船舶免于沉没和毁灭，那么在这种情况下只能弃船。船上发布弃船指令后，会指挥旅客登上救生艇，这时旅客要抓紧时间穿好衣服，特别是在海轮上更要多穿衣服，以使落水时身体保温，也应带上食物或饮水，以防在海上漂泊时间过久之需。如弃船时情况紧急，就不能顾及衣服食物之类了。以上工作就绪后，应迅速到指定的救生艇甲板集合，此时必须绝对服从指挥，发扬互爱的精神，有秩序地登艇，避免争先恐后而发生混乱和意外的事故。

在弃船时，如无法直接登上救生艇或救生筏离开大船，就不得不跳水游泳离开。同时，应该注意以下事项：

（1）跳水前应尽量选择较低的位置。

（2）查看水面，要避开水面上的漂浮物。

（3）不能直接跳入艇内或筏顶及筏的入口处，以免身体受伤或损坏艇、筏。

（4）应从船的上风舷跳下，如船左右倾斜时应从船首或船尾跳下。

乘船遇险时，脱险有法

（5）落水后，应尽快游得远一些，以防沉船形成漩涡将人吸入水下。

（6）落水者应尽量抓住一些漂浮物体以支撑身体，如穿有救生衣，则要保持平稳，不要盲目游动，并要尽量让救护人员发现自己。

（7）如在白天，要向过往船只发出呼喊，或摇动色彩鲜艳物品，以求救；如在夜间，可吹响救生衣上的口哨，与共同落水者联系。在夜间落水时，不要盲目游动，以免远离出事地点失去获救机会，如能观望到海上有光，则表明那里有船只或礁岛，可向其靠拢以求救。

6. 乘地铁的安全

2007年7月15日下午3时34分，上海轨道交通1号线上海体育馆站下行（往莘庄方向）站台发生一幕惨剧：一名男子在列车蜂鸣器与屏蔽门灯光发出警示的情况下，仍强行上车，由于拥挤未能挤进车厢。而此时屏蔽门已关闭，列车正常启动后，夹在两者之间的男子掉入隧道被轧身亡。据有关部门调查证实，该男子在乘坐地铁前有吸毒行为。男子在事发时可能正处于吸毒后的幻觉状态，以致酿成惨剧。

地铁因其快速、安全、舒适等特点，已经成为人们出行工具中的首选之一，尤其是在一个随时随地都有可能发生交通拥堵的城市，它的方便、快捷几乎成了人们着急赶路的"救命草"。这种情况下，地铁的安全问题就显得更为重要，严格遵守乘坐地铁的安全注意事项，并掌握一些特殊紧急情况下的地铁脱险方法非常必要。

在乘坐地铁时，具体注意事项如下：

（1）不要抢上抢下；

（2）上下车时注意站台与列车的缝隙；

（3）不要攀爬倚靠护栏、护网及站台安全门；

（4）不要吸烟及追跑打斗；

（5）乘坐站内电扶梯时老人或小孩应有成人陪伴；

（6）按照正确操作方法使用闸机以免被机器夹伤；

（7）不要擅自进入轨道、隧道等禁止进入的区域；

（8）不要在出入口站厅站台通道内堆放杂物或停放车辆；

（9）酗酒者、无监护人陪伴的精神病患者或健康状况危及他人安全者不得进站、乘车。

在地铁里遇到突发事故时，乘客应该掌握必要的自救措施：

（1）遇突发事故，乘客应立即找到车厢内壁上的红色报警按钮向司机报警。

（2）火灾的烟雾和毒气会令人窒息，因此乘客要用随身携带的口罩、手帕或衣角捂住口鼻。如果烟味太呛，可用矿泉水、饮料等润湿布块。

（3）车厢座位下存有灭火器，可随时取出用于灭火。如果车厢内火势过猛或仍有可疑物品，乘客可通过车厢头尾的小门撤离，远离危险。

（4）如果出事时列车已到站下人，但此时忽然断电，车站会启用紧急照明灯，同时，蓄能疏散指示标志也会发光。乘客要按照标志指示撤离到站外。

（5）大量乘客向外撤离时，老年人、妇女、孩子尽量"溜边"，防止摔倒后被踩踏。

如果地铁行驶在半途中，遇到停电的情况，应该注意以下几点：

（1）即使停电，被困在地铁内的乘客也不用担心车门打不开，更不要出现打砸车门、车窗的举动，而应等待工作人员将指定的车门打开，并从指定的车门向外撤离。

（2）乘客不必担心在隧道里行走看不清路，停电一旦发生，除了引路的工作人员，每隔一段路还会有工作人员手执照明灯为乘客引路，乘客同时还可以利用自己的手机等随身物品取光照明。

遇到地铁停电要听从指挥

（3）乘客不必担心人多时被关在密闭的地铁车厢里会出现呼吸困难，因为列车迫停隧道内时，地铁调度人员会及时开启隧道通风系统。

（4）不要直接跳到隧道里，因为列车距离地面有一米多高且地面情况复杂，直接跳下容易崴脚并造成局面的混乱。

（5）站台的容量足够乘客安全有序地撤离，千万不要盲目乱跑。隧道内行走时要小心脚下，以免摔伤或者被障碍物碰伤。乘客疏散过程中受伤时，请及时与抢险队员取得联系，等候救治。

7. 烟花爆竹燃放安全

2009 年 2 月 9 日晚 8 点 27 分，北京市朝阳区东三环中央电视台新址园区在建的附属文化中心大楼工地发生火灾，火势迅速蔓延。10 日凌晨 2 点许，大火在燃烧近 6 个小时后被扑灭，大楼外已看不到明火。着火的是央视主体大楼北侧的配楼"北京文化东方酒店"。该酒店建筑高约 140 米，东、南两面着火，火势有 80～100 米高。火灾的过火面积 10 余万平方米，楼内十几层的中庭已经坍塌，位于楼内南侧演播大厅的数字机房被烧毁。火灾造成 1 人死亡，7 人受伤。据调查，火灾是由于业主单位的人不听民警劝阻执意燃放 A 类烟花所致。

看来，烟花爆竹的燃放也要注意安全。那么，个人在燃放烟花爆竹的时候都应该注意什么呢？

（1）所有的烟花爆竹产品都应在室外燃放。

（2）要自觉遵守国家和当地政府的有关规定，不能在严禁燃放烟花爆竹的区域内燃放；最好是燃放印有生产厂家、注册商标、燃放说明的"小鞭"、"双响"及烟花，不能购买和燃放"土火箭"、"地老鼠"、"穿天猴"、"拉炮"、"掼炮"等不符合安全规定的烟花爆竹。

烟花爆竹燃放要注意安全

（3）正确选择烟花爆竹的燃放地点，严禁在繁华街道、剧院等公共场所和山林、有电的设施下以及靠近易燃易炸物品的地方进行燃放。燃放烟花爆竹要遵守当地政府有关的安全规定。燃放地点必须远离易燃的草房、物资仓库、露天货物堆场、加油站和人员集中的公共场所。电线、电话线、汽车停放密集区域及楼道、阳台、楼顶平台等部位不要燃放，不得在草坪、绿化带中燃放烟花爆竹。

（4）要按烟花爆竹上的燃放说明要求去燃放，"小鞭"要用长竹竿挑着放，"双响"和烟花应直立于地面，点燃后应即离开3~5米，不得用手拿放和用手甩放。

（5）烟花的燃放不可倒置。吐珠类烟花的燃放最好能用物体或器械固定在地面上进行，若确需手持燃放时，只能用手指掐住筒体尾端，底部不要朝掌心，点火后，将手臂伸直，烟花火口朝上，尾部朝地，对空发射。

（6）喷花类、小礼花类、组合类烟花燃放时，平放地面固牢，燃放中不得出现倒筒现象，点燃引线人即离开。

（7）燃放旋转升空及地面旋转烟花，必须注意周围环境，放置平整地面，点燃引线后，离开观赏，燃放手持或线吊类旋转烟花时，手提线头或用小竹竿吊住棉线，点燃后向前伸，身体勿近烟花。燃放钉挂旋转类烟花时，一定要将烟花钉牢在壁或木板上，用手转动烟花，能旋转的好，才能点燃引线离开观赏。

（8）手持烟花不应朝地面方向燃放。

（9）爆竹应在屋外空处吊挂燃放，点燃后切忌将爆竹放在手中，双响炮应直竖地面，不得横放。

（10）不能让小孩单独燃放烟花爆竹，一定要有大人在旁看管。

（11）在家庭院内、屋顶平台上燃放烟花爆竹时，应将堆放的可燃物用不燃物质遮盖起来；节假日离家外出一定要关好门窗，防止烟花爆竹飞进屋内引起火灾；5级以上大风天气千万不要燃放烟花爆竹，否则容易引起火灾。

（12）燃放烟花爆竹产品要保持警觉、清醒的头脑，思想意识不正常或喝酒后，请不要燃放烟花爆竹产品。

（13）万一出现异常情况，如熄火现象，千万不要再点火，更不许伸头、用眼睛靠近观看，也不要马上靠拢产品，停止燃放其他产品，等明确原因，再行处理，一般为15分钟后再去处理。

（14）必须将烟花爆竹放在没有热源、火源、电源和防止老鼠啃咬的地方，以免发生意外情况，造成损害。

（15）燃放过程中，保管好准备燃放的烟花以免意外引燃。

（16）发生事故，应立即拨打119、110报警，如有人员受伤，还应拨打120请求救助。

8. 公共场所失火了怎么办？

2008年1月2日，新疆乌鲁木齐钱塘江路12层高的德汇国际广场突发火灾，并殃及附近的德汇大酒店。当天20点20分左右，德汇国际广场一名保安人员在夜班巡逻时，发现1楼车道上一处临时摊位里的一堆扫帚着了火，立即拨打火警电话并报告广场负责人。然而，火势已经迅速引燃了整个大楼。虽然乌鲁木齐市消防部门接到火警后迅速出警，第一批消防车在 15 分钟内就赶到了火灾现场，但是火势已经蔓延，整幢大楼一片火海，有限的消防力量根本无法扑灭。随后，乌鲁木齐周边的昌吉、石河子、克拉玛依等市的消防力量也赶来增援。1 月 4 日下午，400 多名消防官兵、80 余辆消防车，在零下 20℃ 的严寒中，经过近 40 个小时的奋战，才将大火基本控制，并从火灾现场成功抢救出 6 名被困人员。

这场火灾给人民生命财产造成了巨大的损失：乌鲁木齐市消防支队特勤一中队副中队长朱晓雷、见习排长张宇和士官高峰 3 名消防官兵，在实施搜救任务时不幸中毒牺牲，德汇国际广场 2 名工作人员遇难，1000 余名商户价值数亿元人民币的货物化为灰烬。大批商户只能眼睁睁地看着多年辛苦经营的产业在火海中化为乌有。

这是一起典型的公共场所失火的事件。公共场所因地形复杂、人员较为集中、电器负荷大、可燃材料使用多，一旦发生火灾往往会造成影响极大的群死群伤。如何在火场中沉着自救是减轻重大伤亡的有效措施。具体地，公共场所火灾自救中有以下几点注意事项：

（1）养成习惯，暗记出口。当你进入公共娱乐场所时，如进入体育馆、购物中心等场所时，为了自身安全，务必养成留心疏散通道、安全出口及楼梯方位的习惯，以便关键时刻能尽快逃离现场。

（2）沉着冷静，迅速撤离。若门锁温度正常或门缝没有浓烟进来，说明大火离自己尚有一段距离，此时可开门观察外面通道的情况。开门时要用一只脚抵住门的下框，以防热气浪将门冲开。在确信大火并未对自己构成威胁的情况下，应尽快逃出火场。

（3）判断火源，确定路线。在撤离过程中面对浓烟和烈火，要迅速判断着火地点和安全地点，决定逃生的办法，尽快撤离险地。千万不要盲目地跟从人流相互拥挤、乱冲乱窜。撤离时要注意，朝明亮处或外面空旷地方跑，要尽量往楼层下面跑，若通道已被烟火封阻，则应背向烟火方向离开，通过阳台、天窗、天台等往室外逃生。

（4）湿巾捂鼻，匍匐爬行。逃生时如经过充满烟雾的路线，要防止烟雾中毒窒息。火灾中真正烧死者不多，绝大多数是烟雾窒息死亡。烟气较空气轻而飘于上部，为了防止火场浓烟呛入，可采用湿毛巾捂住口鼻，匍匐爬行的办法。

（5）缓降逃生，滑绳自救。高层、多层公共建筑内一般都设有高空缓降器或救生绳，被困人员可以通过这些设施安全地离开危险的楼层。如果没有这些专门设施，你可以迅速利用身边的绳索或床单、窗帘、衣服等自制简易救生绳，并用水打湿，从窗台或阳台沿绳缓滑到下面楼层或地面。也可以利用下水管、避雷线等建筑结构中凸出物滑下楼。跳楼也要讲技巧，跳楼时应尽量往救生气垫中部跳或选择有水池、草地等方向跳；如有可能，要尽量抱些棉被、沙发垫等松软物品或打开大雨伞跳下，以减缓冲击力。如果徒手跳楼，一定要扒窗台或阳台使身体自然下垂跳下，尽量降低垂直距离，落地前要双手抱紧头部身体弯曲卷成一团，以减少伤害。跳楼虽可求生，但会对身体造成一定的伤害，所以要慎之又慎，不到万不得已不要使用跳楼逃生术。

（6）就地打滚，切勿跑叫。如果发现身上着了火，千万不可惊跑或用手拍打，因为奔跑或拍打会形成风势，加速氧气的补充，促旺火势。边跑边叫也会引起呼吸道的烧伤。当身上衣服着火时，应赶紧设法脱掉衣服或就地打滚，压灭火苗；能及时跳进水中或让人向身上浇水，喷灭火剂就更有效了。

（7）不恋财物，不坐电梯。在火场中，时间就是生命，不要因为顾及贵重物品而丧失了逃生良机，已经逃离险境的人员，更不要重返险境。在高层建筑中，电梯的供电系统在火灾中会随时断电，或因热的作用电梯变形而使人被困在电梯内，同时由于电梯井犹如贯通的烟囱般直通各楼层，有毒的烟雾直接威胁被困人员的生命。因此，千万不要乘普通的电梯逃生。

9. 电梯中的自救

2008年12月15日上午，杭州滨江区的一位10岁的小女孩独自一人乘坐电梯时，电梯发生了故障，将她困在里面，她的处理方法让前来援救的消防战士都竖起了大拇指。

原来，一大早，滨兴小学四年级的青青和往常一样坐电梯下楼准备去上学。可没想到，当电梯运行到9楼和10楼之间时候，突然断电了。电梯就这样带着青青悬在了9楼和10楼之间，上不去，下不来。

在意识到电梯出了问题后，青青沉着地敲击电梯门向外求援。几分钟后，同楼的另一名孩子出门上学，听到敲击声后发现自己的小伙伴被困在了电梯里，于是迅速通知了青青的奶奶。得知自己的孙女被困在电梯内后，倒是奶奶慌了神，直到邻居提醒才拨打了119求援。

杭州滨江消防中队到达现场时，距离小女孩被困已经有半个多小时了。闻讯赶来的小区物业却一直都无法与电梯公司取得联系。经协商后，滨江消防决定实施破拆进行救援。制定施救方案后，救援人员切断了电梯电源，随后使用腰斧配合，将电梯门打开了一个约5厘米长的口子。

"你别怕，不要乱动，我们马上就把你拉出来。"看到了电梯内只有一名小女孩，救援人员担心她害怕哭闹，一个劲地安慰着她。坚强的青青却面无惧色，她一脸认真地说："叔叔，我不怕，上次老师带我去过你们那，我见过你，你们教我遇到电梯故障要怎么做，我记住的。"小女孩的反应让大家放心了不少，更让人佩服她的冷静和机智。

几分钟后，电梯门被一点点撑开，小女孩被拉了出来。在围观群众的欢呼声中，她有点害羞地一头扎进了奶奶的怀抱。

杭州滨江中队的战士介绍道，青青所掌握的电梯故障应对办法，是在学校组织参观消防站的时候学到的。在消防知识普及的今天，每个人都应该掌握这些基本的自救知识，这位 10 岁的小女孩今天成了大家的榜样。

电梯作为国家认定的危险性较大的特种机电设备，在乘坐时应注意什么呢？

（1）如果在电梯关门的过程中想要出入，应按下轿厢里面的开门按钮"< | >"或者候梯厅的外召唤按钮，不宜用手或脚去阻挡轿门。

（2）乘坐电梯应使用厅门外按钮或者轿厢里面的开门按钮"< | >"使电梯门打开，在任何情况下都不能用外力扒门。万一电梯轿厢不在该层，扒门者就极易跌落井道。因此，乘梯时一定要待电梯到了你所在的楼层，停稳了，门开了，看清了再步入。

（3）在乘坐电梯过程中，如遇停电或者发生故障而被困在轿厢里面，乘客应按动轿厢操纵板上的警铃按钮或对讲电话按钮通过轿厢里面的对讲电话通知物业管理单位。乘客被困在轿厢里面并无生命危险，不必惊慌，应耐心等候物业管理单位或电梯公司派人前来求援。不要通过强行扒开电梯门的方式来逃生。如供电恢复正常或故障消失后，有的电梯会自动返回基站（底层或顶层），并重新将所有楼层自动跑一遍，待电梯运行停止后，乘客重新按下所要到达的楼层按钮即可。

（4）万一乘坐电梯时，遇上电梯失控（如溜车、上冲、上下震荡），千万不要过于害怕。首先要抓牢护栏，防止碰伤。待电梯稳定后，再通过电梯内的警铃按钮或手机向外呼救，等待管理员和维修保养人员前来解困。

被困电梯时要冷静

（5）电梯速度不正常时，应两腿微微弯曲，上身向前倾斜，以应对可能受到的冲击。被困电梯内，应保持镇静，立即用电梯内的警铃、对讲机或电话与管理人员联系，等待外部救援。如果报警无效，可以大声呼叫或间歇性地拍打电梯门。运行中的电梯进水时，应将电梯开到顶层，并通知维修人员。如果乘梯途中发生火灾，应将电梯在就近楼层停梯，并迅速利用楼梯逃生。

（6）如果遭遇电梯下坠。不论有几层楼，赶快把每一层楼的按键都按下，这样就会当紧急电源启动时，电梯可以马上停止继续下坠。如果电梯里有手把，一只手紧握手把，这是为了要固定人所在的位子，使你不会因为重心不稳而摔伤。整个背部跟头部紧贴电梯内墙，呈一直线，这是为了要运用电梯墙壁作为脊椎的防护。膝盖呈弯曲姿势，这是因为韧带是人体富含弹性唯一的一个组织，所以借用膝盖弯曲来承受重击压力，比骨头来承受压力来的大。

10. 公共场所识贼与防贼

在许多公共场所都有小偷的影子，他们对人们的财物安全构成极大威胁。小偷最喜欢选择人多的地方下手，如商场、超市里，采买的人们注意力多在购物上，小偷也挤在人其中，趁人不备时行窃。小偷通常是两人以上共同作案，一人盯梢，一人下手，得手后迅速转移。因此，掌握在公共场所识贼的能力就显得很有必要，当然了，识贼是为了更好地防贼。下面就是一些偷窃案件的高发地：

（1）饭店。小偷经常伪装成顾客，专对顾客外套口袋内的钱包及皮包下手。有时小偷还会故意制造一些小意外，如碰洒饮料，弄脏你的衣服等，以分散你的注意力，帮助其同伙趁机下手。所以，在公共场所就餐时，脱下的衣物及皮包都要放在自己的视线范围内。无论发生什么，都不要忘记留一分注意在自己的财物上。

（2）商场。试衣间、试鞋区是偷盗的易发区域。同性别的小偷会假装与你一同试衣或趁你频繁更衣、照镜时迅速下手。在有些没有顶棚的试衣间里，小偷还会将包抛出，来个里应外合。

因此在逛商场时，最好请一位"参谋"，既可以帮助你挑选衣服，还可以帮助你照看皮包。商场试衣时不要给小偷留机会，脱衣服时要格外谨慎。比如，有人把脱下的衣服随手搭在胳膊上，露出了装钱的内兜，让小偷盯上了；有人试衣服时，将所脱下的衣服随手丢在衣架旁，让小偷有了下手的机会。另外，冬季掀门帘进商场时一定要注意。商场门口的棉门帘往往是小偷行窃的最好凭借，顾客进门时，注意力在掀门帘上，小偷往往有机会下手。同时天气寒冷，人们衣着厚重，触感相对迟钝，也容易给小偷造成可乘之机。

（3）公交车。小偷多在车站游动，一般不上车，而是聚在站台上，哪里人多往哪挤，有的手里还拿一元钱假装等车，当乘客挤着上车时，他们会挤在人群里伺机作案。小偷多是二三人配合，一人堵住车门，假装问司机行车路线，将其他乘客挡住无法上车，其他乘客此时都急着上车，其同伙伺机身后作案。一般乘客是前门上车后门下车，而扒窃分子则是随着目标而移动，当他们已到后门，发现又有新目标上车时，就会反身向前挤，他们会前后乱窜，遇此情况乘客应高度重视。小偷作案时手中常拿有报纸或手臂搭件衣服，或提一个塑料袋内装废纸、衣服等，也有拿手机包的。

所以，上车前，先准备好公交卡或零钱，不要在站台上清点钱物或上车后打开钱包寻找零钱买票。乘坐公交车时，系好衣扣，拉（系）好背包的链。排队上车，不要为争抢座位一哄而上，人为造成秩序混乱，给小偷造成可乘之机。将背包等物品放在胸前或紧夹在腋下，钱包、手机等贵重物品最好放在衣服内兜，不要放在后裤兜里。腰间手机要时时在意，男士腰间的手机是目前扒窃犯罪中的第一目标。值得一提的是，带套手机未必保险。有关人士特别建议你给手机加个链，这样可以大大减少被窃的几率。女孩最好不要把手机挂在脖子上，往往是一个小偷借故让你回头，另一小偷迅速行窃手机。

（4）网吧。网吧里，有人悄悄地在你身边扔下一张零钱，然后拍拍你的肩，告诉你"钱掉了"，你一低头，他就拿起你放在桌上的手机逃之夭天，这是小偷们常用的手法。所以，在网吧里，手机和钱包要随身携带，更不要随手扔在电脑桌上。

（5）医院。曾经有过这样一个报道，农民小康带着媳妇来到市内某医院看病，他们带着一家人凑的 2000 元钱，怕在路上丢了，临行前，媳妇还特意在小康的棉衣里面缝了个内兜，用来装钱。医院里的人很多，小康排队交款用了很长的时间，等到他排到窗口交款时，小康从棉衣内兜里掏钱，却发现口袋有一道口子，不知何时小偷割开口袋把钱偷走了。

医院里的小偷通常也假装看病在医院排队买药，然后锁定目标伺机下手。患者及其家人在看病或排队时，不要经常下意识地去摸身上装钱的地方，更不要显露自己有很多的钱。俗话说：不怕贼偷，就怕贼惦记。一旦被小偷盯上了，就会有麻烦。

11. 遭遇抢劫怎么办

抢劫是以非法占有为目的、以暴力或者胁迫手段迫使受害人当场交出财物或抢走受害人财物的一种恶性犯罪。对于这种恶性犯罪，预防显得尤其重要。一般说来，劫匪通常将单身行人尤其是妇女作为主要对象。他们主要采取两种手段：一是尾随事主身后攻击，将事主打伤后抢走财物；二是几个团伙作案，采用"碰瓷"等手法，讹诈事主，抢夺财物。

突然遭遇抢劫，要保持精神上的镇定和心理上的平衡，克服畏惧、恐慌情绪，冷静分析自己所处的环境，对比双方的力量，针对不同的情况采取不同的对策。

（1）要有反抗意识。只要具备反抗的能力或有利时机，就应及时发动进攻，制伏或使作案人丧失继续作案的心理和能力。无论在什么情况下，只要有可能，就要大声呼救，或故意高声与作案人说话。

（2）就近取材抗衡。可借助有利地形，利用身边的砖头、木棒等足以自卫的器具与作案人对峙，使作案人短时间内无法近身，以引来援助者并给作案人造成心理上的压力。

（3）设法逃脱控制。如果无法与作案人抗衡时，可看准时机，向有人、有灯光或宿舍区快速奔跑，逃脱作案人的控制。

（4）善于巧妙周旋。如果已处于作案人的控制之下而无法反抗时，可按作案人的需求交出部分财物，采取语言反抗法，理直气壮地对作案人进行说服教育，晓以利害，造成作案人心理上的恐慌。切不可一味求饶。要保持镇定，或与作案人说笑，采用幽默的方式，表明自己已交出全部财物，并无反抗的意图，使作案人放松警惕，看

遇到劫匪要巧妙周旋

准时机适时进行反抗或逃脱其控制。

（5）刻意留下暗记。要趁作案人不注意时，在作案人身上留下暗记（比如，在其衣服上擦点泥土、血迹，在其口袋中装点有标记的小物件），便于在抓获作案人时进行准确辨认。

（6）尾随观察去向。作案人得逞后往往要逃离现场，受害人可悄悄尾随其后，注意观察作案人的逃跑去向等，为公安机关及时抓捕提供准确位置。

（7）记住歹徒特征。受害人要尽量准确地记下作案人的特征（如身

高、年龄、体态、发型、衣着、胡须、疤痕、语言、行为等特征），为公安机关侦破案件提供线索。

（8）就近及时报案。如果在校外被抢劫，应及时到就近的派出所报案，准确描述作案人的特征，有利于有关部门及时组织力量布控，抓获作案人。

当遭遇到持械劫匪抢劫时，掌握一些还击方法也是非常必要的。下面就给出一些具体的建议：

（1）遇到手持匕首和菜刀的劫匪，要与劫匪保持一定的距离周旋，寻找时机，用脚踢其手腕来夺下凶器。

（2）当发现劫匪随身携带凶器，可利用其靠近自己身体时，趁机从其腰间夺取凶器，先声夺人制伏劫匪。

（3）在搏斗中，应充分利用当时的地形地物，如可用地上的砖头、瓦块击打对方，用泥土、沙砾迷对方眼睛等，还可以利用身上的腰带、水果刀等物防身。

（4）面对凶残的劫匪，自认为无力抵抗，则要迅速逃离现场，但应侧身跑，以防背后袭击。假如劫匪快速追上，可以仰面倒地，双腿弯曲，不停地交替蹬踹，这样既能够使劫匪难以下手行刺，又可以趁势踢掉其手中的凶器。

除了要知道遭遇抢劫时的应对方法外，大家更应该以预防为主，尽量避免遭抢劫。下面就是一些避免遭抢劫的注意事项：

（1）不外露或向人炫耀随身携带的贵重物品，单独外出不轻易带过多的现金。

（2）早晚尽量不要外出。确需外出，要提高警惕，增强防范意识。

（3）外出应多人结伴而行，一般情况不要独自外出。独自一人时不要显露出过于胆怯害怕的神情。

（4）不要独自在偏远、阴暗的林间小道、山路上行走；不到行人稀少、环境阴暗、偏僻的地方去；要尽量避开无人之地。

（5）避免深夜滞留校外、夜不归宿或晚归。

（6）穿戴适宜，尽量使自己活动方便。

（7）到银行存取大量现金时，最好选择白天路上行人较多的时候，不要贪图路近而穿越冷清、狭窄的小路或者胡同，并注意路上不要暴露自己的现金。

（8）从银行支取大量现金后，要注意身后有没有人尾随，如确认有人尾随，可以打电话报警或到民警交通岗寻求保护，一旦遇上劫匪，不论是否已经被抢，都要大声呼救。

12. 被绑架时要以智取胜

有这样一件事，一位初中三年级的女同学，星期天骑自行车去找同学玩，在马路上突然被另一骑车人撞倒，正当她抚着疼痛的伤处哭泣时，有一位中年妇女来到她的身边，非常关心地安慰她，并说用车送她去医院，那人把女孩的自行车放到路边锁好，把车钥匙交给女孩，就把她扶上了一辆面包车。

女孩儿自然感到是来了救星，心里非常感激，车上还坐着什么人她也没注意。那车跑起来飞快，女孩儿知道一路上哪儿有医院，可是车却没有去医院的意思，她两次呼喊："这儿有医院！"车也不停不拐，车上的人总是说："咱们去好医院，咱们去好医院！"车却一直开出了北京，女孩儿看着车窗外已是农村的田野，她哭了，知道出事了，她喊着要下车，车上的人露出了狰狞的面目，一把刀子抵在了她的胸前……

坏人把女孩带到了石家庄，又逼她在石家庄随他们上了火车。在人生地不熟的地方，女孩除了害怕，也不知该怎样办了。火车又到了西安，一路上女孩儿已镇定了，沉着带来了机智勇敢，她在西安火车站终于逃脱了，并且马上报了案！

这是一起绑架案。绑架是一种恶性犯罪行为，其手段十分恶劣，往往使用暴力，对青少年的身心摧残更是十分严重。一般说来，绑架的目的主要是为了索取高额钱财，其作案手段除了少数强行劫持外，更多的是采取诱骗的方法。

因此，青少年朋友们对一些突如其来的"热心人"、陌生人，要多加小心，不要轻易跟他们走，以免落入"虎口"。如果万一不慎落入"虎口"，也要保持冷静，要善于智斗，见机行事，以争取时间，并在不被歹徒发觉、怀疑的情况下，尽可能巧妙地与外界联络报信。因为当你不幸被绑架后，你的父母、亲戚及公安人员肯定在外面竭尽全力地营救你，所以你应把歹徒稳住，拖的时间越长，获救的机会也就越多。具体来说，应采取如下措施：

（1）如歹徒是陌生人，要设法记住其相貌特征、衣着和口音，以便协助公安机关侦破。

（2）若歹徒问家中电话号码、地址，须据实以告，让家人及警方营救你。

（3）等候任何可以逃走的机会，如借机要求上厕所，然后趁隙逃到附近人多的地方。

（4）如绑架者有两人以上，要设法制造歹徒之间的矛盾，选择那些精神高度紧张、初犯、偶犯或对人质有同情心的人开展工作，争取取得他的信任，设法逃脱。

被绑架时要以智取胜

（5）如歹徒要你给家里写信或打电话，要设法流露你所处的地点或行踪。如打电话一定要拖延时间，为公安机关查破歹徒所在地提供方便。

（6）切莫与歹徒发生口角冲突，以免激怒歹徒。切不可鲁莽地与歹徒搏斗。如四周无人，不要呼救，以免激怒歹徒，招来杀身之祸。

（7）对自己获救要充满信心，因为歹徒要钱不要命。

13． 拒绝性骚扰和性侵害

相对于男生而言，女生更应注意人身安全。女生在校外有时会遇到男性纠缠，如出现这样的情况，可用以下方法摆脱纠缠：

（1）学会观察。在与男性交往中，女生要留心观察他的眼睛。怀有不轨心理的人，其险恶企图和贪欲是肯定会从其目光中表现出来的。当你正视他的眼睛时，他也会心虚地把目光躲开，不敢与你相对而视。女生还要注意他的行为举止，要留心他是否经常企图与自己单独在一起，尤其是周围环境比较偏僻的时候，他是否会有心不在焉的表现。

（2）要会试探。要学会用一些比较自然的、不引起对方注意的方式去验证他是好人还是坏人。比如，一两句话，一种微笑，随和的态度，也可以用拒绝他提出的一些建议的办法去试探，等等。试探的方式也要同观察法结合起来，才能清楚地识别对方。

（3）善于拒绝。对于不法分子，女生要拒绝与他交往。对于明目张胆地向自己提出非分要求的人，要坚决拒绝，并谴责他的错误想法。对于企图用各种甜言蜜语、金钱等来引诱你的人，要主动避免同其交往。

（4）善于周旋。在无法拒绝的情况下，要善于周旋。要将交往有意地保持在一定限度内，将其注意力引到对其他问题的兴趣上，缓冲矛盾的紧张程度，设法摆脱眼前的被动局面，以求脱身。

（5）结伴同行。当女生发现对方怀有恶意后，可以约你的朋友来陪你，与你做伴，一起活动，不给对方以可乘之机。

（6）求助于家长。在有些情况下，女生可以将遇到的麻烦详情及时地告知自己的家长，请你的家长出面解决问题。而作为家长，发现女儿遭到坏人纠缠后，不应责怪女儿，要冷静、妥善地安慰女儿，同时向对方宣布，不允许他与自己的女儿来往。

（7）向警察报警。也许当你独自走路时，会突然遇到一个坏人，这时你不能过于紧张，也不要紧闭自己的嘴，而是要高声呼救，或高声质问他，让附近的人能听到你的声音。这时，你千万不要害羞，不要不好意思张不开嘴，要抛弃一切虚荣心和羞怯感，与面对的危险分子作坚决的斗争。

女生在遭受性侵害时，应该掌握一些逃脱的诀窍：

（1）坚持"先跑为强"的原则。走夜路发现一个男人向你靠近时，你不要等他伸手抓你时再跑，应该在一发现他靠近时就跑。如果一个男人扑向你，你更要马上逃走。

（2）反抗是一种"宁为玉碎"的做法，所以一般来说，女生应该尽量先用逃离、欺骗等策略，在这些策略都无效时才采取反抗的方式。抗拒、挣脱是危险性不十分大的对抗。表现为挣脱对方的拥抱，推开对方，保护自己的衣服不被扯开，跑出对方的家等。

（3）附近有人路过时就是逃跑的好时机，因为这时色狼不敢紧追不舍，追几步追不上就会放弃。逃跑时最好边逃边喊人。如果没有这种机会，就在色狼没有注意你的时候逃走。例如，在他解自己衣裤的时刻，或四处张望看有没有人的时刻。为自卫起见，还可以拾起身边石块、木棍给他一下，或抓一把泥土撒向他的眼睛。

（4）在夜里，要向有光、有人声的地方跑。如果在野外，则向树林草丛青纱帐中跑。如果是在白天，尽量往人多的路上跑。不小心跑进了死胡同，就尽快喊叫并敲附近的门。

（5）女生很喜欢胡乱抓打，这是浪费体力，这样你会在短时间内筋疲力尽。你要保存体力，只要你还有力气，对方也就不会得逞。临时起意的强奸者以及部分青少年所为的强奸，被持续抗拒、挣扎一段时间后，想强奸的家伙就会放弃。

（6）要注意反抗的方法。反抗也是有一定的方法可讲的。一是打击对方下身。作为受侵害者不能害羞，用力一定要尽可能地狠，因为如果一击之下，没有把对方打得一时动不得，对方必定要报复。注意，睾丸比阴茎更脆弱，更怕打。二是打五官。如果你在对方不注意时袭击了他的眼睛，他会立即丧失进攻能力。有些女孩子不敢这么做，怕对方报复下毒手。其实，如果你成功地打瞎他一只眼，他剧痛之下只会捂眼惨叫。三是如果对方强行吻你并把舌头伸到你嘴里，你可以咬他的舌头，也可以咬对方的鼻子。四是击头。女孩子手头抓到可用器物，如雨伞、酒瓶、石头、砖块等，可乘其不备猛击其头部。

女生一旦遭到了性侵害，应该注意以下几方面的事项：

（1）要采取紧急避孕措施，如果错过采取紧急避孕措施的时间，应该观察是否怀孕，以便采取补救措施。

（2）遭遇性侵害后，女性应该卸下心理包袱。不幸的事情既然已经发生了，自责、焦虑是无法改变不幸的经历的。

（3）生活中遭遇了性侵害，虽然不幸但并不可怕，只要自己能够勇敢地面对不幸的经历，放下思想包袱，坚信不幸的经历不会降低自己的生命价值，坚信优秀的自己是可以获得异性的尊重和关爱。一个对自己充满自信的人，无论曾经遭遇过什么不幸，都依然可以拥有充满阳光的幸福生活。

14. 网络交友须谨慎

网络为人们学习知识、获取信息、交流思想、休闲娱乐提供了一个多姿多彩的平台。然而，随着上网成为一种时尚，犯罪分子也逐渐把目光转向互联网，让网络成为他们的犯罪工具。而相比于传统的犯罪，利用网络来犯罪隐蔽性更强，迷惑性更高。因此，青少年利用网络交友一定要慎重，而约见网友则更加要慎之又慎，以免财物和人身受到侵害。上网时一定要树立自我保护意识，不要把自己的姓名、家庭住址、电话号码等有关身份的信息轻易在聊天室或公共讨论区透露。对那些没完没了、套你信息的聊天者和要求见面的网友需慎之又慎。特别提醒女孩子，网络本身是一个虚拟世界，虚拟世界中的"白马王子"未必就是现实生活中的正人君子，不要轻易成为犯罪分子的猎物。

专家指出，网络交友案件呈现以下几个特点：一是多以侵犯财产为目的，侵犯的财产主要以手机和现金为主；二是呈现有计划、有组织的团伙作案，有人负责在"网吧"选定实施犯罪目标，有人负责在网上与目标人联系，约定见面地点（一般为女性），有人专门负责实施犯罪；三是青少年由于思想单纯，容易轻信他人，是主要的受害人群。

下面给出一些网络交友和约会的安全常识：

（1）注意对方每一个细节。如果有人给你的感觉太好以至于让人感觉不够真实，请多加小心。刚开始最好是先使用网站提供的消息工具联系，从中体会对方是否有任何怪异的言行举动或是前后矛盾的地方。对方的真面目或许跟其所形容的有很大的出入。一旦你感到任何不快，为了

网络交友须谨慎

你的人身安全，请保持距离以保护自己的利益。

（2）提高警惕心，保持平常心。深思熟虑后所做的决定通常会帮助你找到更好的友谊。在众多的追求者当中，只有率真、坦白、并且能够得到你信任的才是最佳人选。不管花多少时间都没有关系，重要的是你必须要花点心思，并且小心地试探那些你认为不可信任的人。

（3）索取对方照片。通常通过一张照片可以让你了解对方的基本信息和大概长相，甚至可以加深对方在你心目中的印象。不过建议你多看一些

不同场合的照片，例如对方正式场合、日常生活、室外或室内的照片也都是不错的。如果你发现对方总是找一些理由不想让你知道他的长相，请将其视为对方刻意要隐瞒你，缺乏诚意。

（4）当对方提出金钱请求时，要格外小心。有的怀着不良目的的人，一开始是很难辨认其实际面目，当交往到一定程度后，他/她往往会以各种各样的理由（如父母生病、兄弟上学须交学费、见面路费等），要求你给他/她汇款。遇到这样的事，一定要谨慎，不要盲目地把钱寄出去，以防受骗。

（5）约会见面须谨慎。只有在充分了解的基础上才可以考虑在现实生活中约会见面。如果你感觉到时机还未成熟或者隐约有担心，当对方提出见面时，你可以婉言相拒，如果对方是真诚的，对方必定能理解。

（6）选择安全的约会场所。如果你确定与网上有好感的陌生人见面，请记得告知朋友你出门的时间和大约将会返回的时间，并且留下对方的姓名和联系电话。如果考虑周全些，可以带上你的朋友一起去。出门时请自行前往约会地点，绝对不要接受或请求对方到你住的地方接送。约会的地点最好是公共场合以及四周人较多的地方。选择一间自己比较熟悉的餐厅，并且挑一个客人较多的时间约会，这些都不失为一种安全的好方法。当你觉得时间差不多了，便可以结束约会，此时可以向对方表达你的谢意，然后道别。

（7）对于陌生的约会地点请格外小心。如果你将在另外一个城市与他人见面，最好自己安排住宿以及交通方面的问题，也不要把下榻的地点透露给对方知道。如果你是乘飞机前往该城市，最好直接从机场乘坐出租车前往下榻的旅馆，并且在旅馆内安排见面事宜。尽量在事先已经同意的地点约会，如果你发现地点跟想象中有很大的出入，甚至觉得不适合，你可以先回旅馆然后打电话给对方。请务必要让家人或亲友知道你的行程，最好随身携带手机。

（8）摆脱危险。在约会见面的过程当中，一旦发生让你感到害怕的事情，请发挥聪明才智帮自己化解困境，并尽快离开现场。请争取足够的时间询问朋友的意见、请求旁人的帮助或者从后门快速离开。当你感觉到自己有危险，请立即报警。个人安全总是最重要的，千万不要对自己的行为感到不好意思或尴尬，请记得，你的安全远比他人对你的评价更重要。

15. 网上购物，谨防骗局

周先生在湖北一运动时尚网站上，看到正在销售一款纪念版运动鞋的消息。该网站称："本厂所销售之鞋完全符合产品说明且在没有穿过和损坏的情况下可退、可换。市场价 1200 元，会员价 678 元"。周先生根据网站的要求，将 678 元货款和 15 元邮寄费汇到对方指定的账户上。一周后，周先生收到了邮包，但打开一看，邮寄来的并非他所要款式的运动鞋！周先生立即与厂方联系，要求调换。但他等了近一个月，厂家也未将他所要的鞋寄来。

无独有偶，梁先生在某著名购物网站购买二手数码相机，双方以 4400 元的价钱成交。卖家选择了梁先生并不熟悉的网上交易电子支付平台，当梁先生把 4400 元从网上银行汇至其账号时，卖家却称其账号出现问题，要求重新汇款至其另一个账户上，不久他就向梁先生发来一个 EMS 快递号。

等了三四天，梁先生还没收到货物，邮政公司根据梁先生提供的 EMS 快递号进行查询，确认该快递号并不存在。大约过了一个星期，梁先生依然没有收到货物，卖家的电话又联系不上，他意识到自己上当受骗了。

随着网络的普及，更多的人开始选择在网上购买一些自己需要的商品，一些网络诈骗分子利用网络交易双方互不见面的猫腻，以欺诈、假冒、虚假宣传等手法，使不少消费者的购物款打了水漂。因此，消费者要注意不要轻信网上热销商品、打折商品信息，谨防落入网上购物的陷阱，避免不必要的经济损失。

网上购物主要存在如下的四大陷阱：

（1）低价诱惑。在网站上，如果许多产品以市场价的半价甚至更低的价格出现，这时就要提高警惕性，想想为什么它会这么便宜，特别是名牌产品，因为知名品牌产品除了二手货或次品货，正规渠道进货的名牌是不可能和市场价相差那么远的。

（2）高额奖品。有些不法网站、网页，往往利用巨额奖金或奖品诱惑吸引消费者浏览网页，并购买其产品。

（3）虚假广告。有些网站提供的产品说明夸大甚至虚假宣传，消费者点击进入之后，购买到的实物与网上看到的样品不一致。在许多投诉案例中，消费者都反映货到后与样品不相符。有的网上商店把钱骗到手后把服务器关掉，然后再开一个新的网站继续故伎重演。

（4）设置格式条款。买货容易退货难，一些网站的购买合同采取格式化条款，对网上售出的商品不承担"三包"责任、没有退换货说明等。消费者购买了质量不好的产品，想换货或者维修时，就无计可施了。

为了应对网上购物的骗局，消费者要注意以下几个方面的事项：

（1）不要被网上天花乱坠的广告信息所迷惑，尤其不要轻信网上热销商品、打折商品信息。要对比市场价格，如价格出入较大需要弄清原因，不可一味贪图便宜。

（2）要选择有正规经营权的网站进行购买行为。正规网站都标有网上销售经营许可证号码和工商行政管理机关红盾标志，消费者可点击进入查询。

（3）网上购物前最好搜索一下该公司的名称，查一下他们最近的网络记录，如果是几个月内集中发帖到处宣传的，就需要提高警惕；再搜索一下网络骗子黑名单看是不是已经有人投诉了，如果有人投诉也要谨慎购买。要对网上提供的厂商地址、电话等资料进行确认，要查证网上提供的银行汇款账号是否为已登记注册的公司账号。

（4）选择好付款方式、购货类型。建议使用货到付款的方式，不买大件产品。

（5）消费者在购买前应该核实好产品的售后服务是否齐全，当地是否有代理点，并注意索取购物发票或收据。

（6）要拒绝送货员临时提出的变更订单内容的要求。

（7）要对信用卡、储蓄卡等号码和密码保管好，不要留在网页上。

（8）注意保存消费记录，把公司网页上任何有关消费保证的事项（送货时间、客户服务、退货办法或其他相关事项）打印出来，因为网页随时有可能更换。写下所有电话联系的细节，包括日期、时间以及对方的姓名，以便受骗后及时向工商机关举报。

16. 防范网上支付风险

网上支付对于很多人来说并不陌生。你也许通过某家商业银行的网上银行转账、支付交易保证金，或是通过一些专业的网上支付服务商进行过网上购物在线支付。所有这些通过互联网进行的支付方式都是网上支付。

网上支付受欢迎程度并不一致。一方面，很多人感受到互联网支付的快捷和方便，从而对网上支付情有独钟，他们觉得网上支付可以明显减少到银行的往来奔波之苦，可以免除排队的烦劳；另一方面，一部分人对网上支付退避三舍，不敢轻易尝试网上支付。

支付工具的不断创新和丰富，增强了不同支付工具之间的替代性，为消费者提供了更多的选择和机会，给人们日常生活购物带来极大便利，对满足多样化的支付服务需求发挥了积极作用，但存在的隐患却让人担忧。因此，如何减少支付风险就成了一个摆在人们面前的问题。降低风险需要根据风险点的不同特征采取不同的风险控制措施。我们先来看看怎样"看护"好我们的支付密码。攻击者通常用哪些手段得到得到支付密码呢？

（1）骗取手段。攻击者可以采用"钓鱼"方式达到目的。具体方式有假冒网站、虚假短信（邮件）。这些网站页面、短信或邮件是他们的"诱饵"。不能识别这些诈骗手段的持卡人容易被攻击者诱骗，乖乖地向其泄漏自己的银行卡支付密码。

（2）支付终端截取。攻击者可以在持卡人电脑上发布恶意软件（如木马软件）。这些软件能在持卡人输入支付密码时悄无声息地捕获，并偷偷地发送出去。

（3）网络截获。攻击者在支付终端和其他网络设备等节点通过智能识别和密钥破解手段得到支付密码。

（4）暴力攻击。当前很多发卡行采用6位数字密码方式。借助于具有强大运算能力的计算机，攻击者可以采用密码词典（密码词典包含了0~9数字不同字长的各种数字串组合）方式逐个试探。

（5）其他途径获取。攻击者趁持卡人不注意，在银行柜台、ATM或POS终端记下持卡人的支付密码。

支付密码泄漏是网上支付案件的主要原因。从上述这些攻击手段可以看出，我们首先要具有安全意识和基本防范技能。持卡人应注意以下事项：

（1）识别假冒网站。持卡人需要确认支付页面网站域名的真伪。因此，持卡人不妨选择一家商业银行或支付平台作为常用的支付服务商，熟悉其域名，并在支付操作时细心即可。有些商业银行网上银行或支付平台提供了持卡人"预留信息"方式，可以帮助持卡人识别假网站。

（2）识别虚假短信和邮件。虚假短信（邮件）相对假冒网站而言更易于识别。持卡人在收到任何与银行卡、支付有关的短信后，应确认短信发送者的真实身份或短信内容。

（3）不要设置简单密码。持卡人注意不要设置简单的密码。如不要采用简单数字组合、自己或亲人的生日信息、电话号码作为密码。

（4）要注意支付终端的安全性，如不要在公用网吧进行网上支付；在支付终端上安装反病毒、反木马软件。

（5）要注意在其他场所支付输入密码时不轻易为他人偷窥、摄像等，不要将密码记录在被人容易看到的纸片上。

（6）采用数字证书安全机制的支付方式。支付密码能轻易为攻击者骗取、窃取或破解，更为一个重要的原因是支付密码本身缺乏一定的防攻击、防窃取能力。由于密码通常是字母、数字的简单组合，属于低安全强度的保护机制。如采用数字证书代替或补充支付密码就是一种更有效方式。因此，持卡人进行网上支付最好选择使用采用数字证书安全机制的支付方式。

17. 青少年要戒除网瘾

网瘾对青少年有巨大危害，染上网瘾以后，会分不清虚拟世界和现实世界，自残、自杀、休学。有个少年连续网游 3 个月，一天同学聚会迷路了，在从立交桥上想下来的时候，差点忘记自己是在现实世界中，手抓住栏杆，腿都迈上去了，忽然感觉不对，才避免了一个悲剧。有个青少年在自己身上割了 44 刀缝了 67 针。有一个孩子从家里偷了 1 万块钱，穿着羽绒服去网吧，直到钱玩没了，到了夏天才知道回家换衣服。甘肃一名高一的学生，在自杀前给同学的信中写到，如果我身体上有个伤口，我一直会把它撕大，在钻心的疼痛下，渗出鲜血，一滴滴流下，我感到一种从未有过的欣慰；在现实中，我感到是那么地心碎和难堪。

染上网瘾最可怕的就是，最终导致各种心理问题，包括对他们身心影响，特别对心理影响，即失去自我了。长期上网使很多青少年脑子里尽是白日梦，在幻想着虚拟世界的那些快乐的镜头，甚至自己梦想已经是虚幻世界的一员了，或者是法师，或者是武士出现一个虚拟的自我。网上打打杀杀的东西，会激发起人的本能和原始的冲动，这样会导致青少年动不动就想用暴力来解决问题。

染上网瘾后，由于缺乏正常的人际交流，不利于青少年人格的完善。人际是一个孩子人格完善过程中一个非常必要的条件。没有人际，没有正常的朋友、老师，青少年的人格是不会完善的。因为我们是社会化的人，社会化就需要与人交往，在与人交往的过程中，心智才能成长成熟，他们天天跟机器打交道就无法达到

青少年的网瘾是全社会的痛

这个目的。但是他们会狡辩说，我们在网上也有朋友。但那是很遥远的，是网上虚拟的；纵使是现实的，也是通过机器第三者来传播交流的。

染上网瘾还会导致青少年的记忆力下降，学习能力下降。为什么会这样呢？因为在上网的时候，青少年的学习思维是短路的，因为在网上接触的大部分是画面、音乐，里面没有文字、数字和计算。如果说偶尔上网玩一会儿，可能对智商有帮助，但是如果每天花大量的时间在上面，就会降低智商和情商。

那么，治疗网瘾有哪些方法呢？

（1）饮食治疗。网瘾少年的身体含铅较高，由于爱吃膨化食品及喝易拉罐饮料造成的。要多给孩子吃维生素 A、胡萝卜素、维生素 B_2、牛奶、蛋黄、动物肝脏、玉米、绿叶蔬菜、瘦肉等等。

（2）药物治疗。10%的网瘾孩子会得抑郁症，有的有强迫、焦虑和恐惧症，其中自残和自杀的占了90%，中药枸杞、酸枣，可用来安神，可起

到辅助治疗 西药中有专门治疗抑郁的药物。

（3）心理治疗。要让他们从虚拟中的自我走到现实中的自我，需要让他们认识自我的优势。由于他们自信心低，所以要积极地沟通，肯定他、唤醒他，对其进行正确的引导。进行心理干预，带他们外出旅游、运动，运用这些手段，让他们接触现实生活。培养更多的网络外的爱好。

（4）健康治疗。转变孩子观念，把电脑从玩具变成工具。对他们进行青春期性健康的教育和心理健康的教育、营养健康和科学运动的教育。

（5）军训治疗。通过军训体验真正的军营生活，规范日常行为，锻炼自己的意志力和勇气。增强组织性和自制力，引领积极向上的心灵。

其实，做到防患于未然，在一开始就堵住染上网瘾的途径是更为重要的。这一方面需要青少年朋友自觉抵制住网络的诱惑，另一方面也需要家长和社会的共同努力。比如，对于有电脑的家庭来说，最好将电脑放在客厅里，而不是放在孩子的卧室里，根据调查，电脑放在卧室造成青少年染上网瘾的比例比将电脑放在客厅的情况下要高出 5 倍。另外，还需要做到：

网瘾无底，回头是岸

（1）父母要做好和孩子的有效交流，保持良好的亲子关系。

（2）在现实生活中，培养孩子健康的文体爱好，培养意志力。

（3）网吧、网络游戏厂商、国家有关部门也要共同关注青少年的学习与工作，为孩子们营造一个健康的网络环境。

18. 自杀解决不了问题

2009 年 1 月，紧张的期末考到了，但广州市第 25 中学初一某班的同学们却陷入了悲伤之中。因为就在 13 日的晚上，班里开朗又漂亮的女生 A 因早恋遭到母亲反对，加上期末考的压力，从家中 8 楼纵身一跃，走上了自杀的不归路。

近年来，中学生自杀事件层出不穷，而期末考试前后，更成为压力的积蓄爆发时期。在期末阶段，学生的焦虑情绪是扩散性的，一点小事化为大事。另外，中学生的预防自杀教育几乎是一片空白，同样地，这问题在家庭教育中也未引起足够重视。

2007 年 1 月，北京大学儿童青少年卫生研究所发布的《中学生自杀现象调查分析报告》指出，中学生有过自杀想法的占有不小的比例。据悉，该调查从 2004 年开始启动，涉及全国 13 个省的约 1.5 万名学生，其中女生数量略高于男生，平均年龄为 16.3 岁。调查数据显示，在过去 12 个月内，有 20.4% 的学生（男生为 17.0%、女生为 23.7%）曾经考虑过自杀；6.5% 的学生（男生 5.7%、女生 7.4%）为自杀做过计划。

专家分析指出，学习压力过大、早恋等都可能导致中学生考虑以自杀来终结生命。

很多中学生都具有争强好胜、个性十足，却又经不起任何挫折和干扰的脆弱的"蛋壳心理"。因此，一旦遇到挫折的环境，或受到批评，往往会采取过激的行为；或攻击，或自责，或冷漠退让，或放弃追求，甚至出现轻生行为。因此，接受挫折教育，提高耐挫能力，对中学生具有特别重要的意义，以下是几条建议：

（1）意识到挫折的存在性。中学生应意识到挫折是客观存在的，人生并非处处美好、舒适，从而在心理上做好准备。如读书、社会生活、与人交往等活动中可能出现挫折。

（2）意识到挫折的两重性。挫折的结果一般带有两种意义：一方面可能使人产生心理的痛苦，行为失措；另一方面它又可给人以教益与磨炼。中学生应该看到挫折的两重性，不应只见其消极面，而应以乐观的态度对待生活中的挫折。

（3）保持适中的自我期望水平。中学生正值精力充沛、朝气蓬勃的青春年华，生活充满了希望和幻想，对学习和生活难免抱有较高期望和较高要求，但由于对生活中所遇坎坷估计不足，对自身能力、知识水平缺乏全面认识，所以一旦遇到不顺利的事就容易产生挫折感。因此中学生在学习和生活中应根据自己的实际情况确定具体可行的目标，保持中等期望水平，同时注意不可轻易否定自己。

（4）培养积极乐观的人生观。挫折可成为弱者巨大的精神压力，也可成为强者勇往直前的动力。要意识到坚强的性格需要个人有意识的磨炼，绝不是一朝一夕就可以达到的。歌德曾说过：倘不是就眼泪吃过面包的人是不懂人生之味的。所以，要树立坚定的目标，培养乐观精神，这样一来就能从逆境中奋起。

（5）创设条件，改变环境。情绪反映总是在一定的社会情景中产生。因此改变挫折引起的环境，转移注意力，就可以达到消除消极情绪的效果。

（6）合理的宣泄。人们在遭受挫折时产生的紧张情绪，必须经过某种形式得到发泄，否则积累过多，容易导致精神失常。

（7）寻求心理咨询。通过个别交谈，排除心理障碍，达到摆脱矛盾，稳定情绪的理想效果。

另外，塑造良好的性格，才能让中学生克服困难，经受住学习和生活中遇到的各种挫折。有的人锋芒毕露，挫折不断；有的人孤僻高傲，怀才不遇；有的人大智若愚，青云直上；有的人热情大度，生活快乐；有的人刻意求全，郁郁寡欢，甚至家庭破裂，等等。这一切都与一个人的性格有直接关系，所以良好的性格是成功和成才的基础。塑造良好的性格有许多途径：

（1）确立积极向上的人生观。人的性格归根到底还要受到世界观、人生观的制约与调节。青年人有了坚定的人生目标与生活信念，性格就会自然受到熏陶，表现出乐观、坦荡、自信等良好的性格特征。反之，如果失去了人生目标和生活的勇气，性格也会变得孤僻和古怪。

青少年要注重培养良好的性格

（2）正确分析自己的性格特征。人贵有自知之明，对自己的性格特征进行科学的分析与评价，才能使自己不断地进行性格的学习与磨炼，不断形成良好的性格。分析的过程，是一个深化自我认识的过程，是性格不断完善与发展的重要环节。

（3）重视在实践中磨炼性格。性格体现在行动中，也要通过实践、通过实际行动来塑造。实践应具有广泛性。学习实践、生产实践都可以磨炼自己的性格。特别要注重在艰苦生活中，培养一种乐观向上的精神，培养不怕困难、勇于斗争的生活品格，从而适应社会的需要。

（4）重视环境对性格的影响。群体生活具有一种类化的作用，对人的性格会有深刻的影响，因此在正确的指导思想下，形成良好的群体风格，有助于人的良好性格的形成与发展，加速性格的强化与改造。所以说，群体是环境中的最重要的载体，需要刻意加强群体建设。

19. 拒绝毒品

2009年4月9日晚上10点，在南宁市某中学读书的阿莉接到同学阿珊的短信通知："下课后，大家一起去撮一顿。"看了短信，阿莉马上就明白了。别以为他们说"撮一顿"是去下下馆子，吃吃大餐，他们说的可是去吸K粉。

当阿莉来到约定地点时，阿珊已经到了，一起来到的还有阿莉的同班同学阿毛和阿凡。看到人都来齐了，阿珊从身上拿出一包K粉，倒在一张白纸上，然后拿出一张20元的钞票，卷成了一条吸管。

阿毛接过吸管，第一个吸了起来。当他吸完后，顺手交给阿莉；阿莉吸完后，又交给阿凡。轮到阿珊吸食时，白纸上的K粉的量还很大，阿莉等人叫阿珊不要全部吸完，但阿珊表示："要什么紧，吸完了，反正有人免费给我送货。"说着便一口将所有的K粉吸完了。几分钟过后，因吸食K粉过量，阿珊晕倒在地上……

阿珊晕倒后，阿莉等人傻了眼，顿时惊慌起来。至此，一起中学校园内学生吸食毒品事件露出了水面。

吸毒会对个人身心健康和社会都造成极大的危害。

吸毒会导致身体造成毒性作用，即由于用药剂量过大或用药时间过长引起的对身体的一种有害作用，通常伴有机体的功能失调和组织病理变化。

吸毒会产生戒断反应，这是一种长期吸毒造成的严重和具有潜在致命危险的身心损害，通常在突然终止用药或减少用药剂量后发生。许多吸毒者在没有经济来源购毒、吸毒的情况下，或死于严重的身体戒断反应引起的各种并发症，或由于痛苦难忍而自杀身亡。戒断反应也是吸毒者戒断难的重要原因。

吸毒会造成吸毒者精神障碍与变态。吸毒所致最突出的精神障碍是幻觉和思维障碍。他们的行为特点围绕毒品转，甚至为吸毒而丧失人性。

吸毒会导致吸毒者感染性疾病。静脉注射毒品给滥用者带来感染性合并症，最常见的有化脓性感染和乙形肝炎，及令人担忧的艾滋病问题。此外，还损害神经系统、免疫系统，易感染各种疾病。

家庭中一旦出现了吸毒者，家便不成其为家了。吸毒者在自我毁灭的同时，也破害自己的家庭，使家庭陷入经济破产、亲属离散，甚至家破人亡的困难境地。

吸毒对社会生产力构成巨大破坏。吸毒首先导致身体疾病，影响生产，其次是造成社会财富的巨大损失和浪费，同时毒品活动还造成环境恶化，缩小了人类的生存空间。同时，毒品活动会扰乱社会治安。毒品活动加剧诱发了各种违法犯罪活动，扰乱了社会治安，给社会安定带来巨大威胁。

那么，中学生如何才能远离毒品呢？

（1）认识必须到位。要充分认识到毒品的严重危害性，摈弃吸毒时髦、偶尔吸一下不会上瘾、上了瘾再戒也不迟等等不正确的认识。要知道，毒品的成瘾性非常强，一两次就可能上瘾；上了瘾再去戒，难度就太大了，它不仅要耗费大量财力，而且要有超强的意志；如果吸毒成瘾，不仅严重摧残身体，而且为了筹集吸毒的资金往往会走上犯罪之路。

（2）正确面对挫折。人一生会遇到不少挫折，中学生也不例外，包括家庭意外变故、学业压力、升学失利、交友受挫等，这时，人免不了陷入苦恼之中，一些人可能就会以吸毒的方式寻求解脱。专家说，上面因素是导致中学生吸毒的重要原因，所以，遇到挫折，千万不能从毒品中找出路。

珍爱生命

抵制诱惑

（3）学会拒绝诱惑。有些毒品贩子会把毒品藏在烟里，免费引诱学生吸，一旦学生上了瘾，他们再高价向学生出售毒品，这样的事例已经有一些了。所以，我们中学生一定要学会拒绝这类诱惑，提高防范意识。

拒绝毒品，从我做起

（4）对毒品的好奇心要不得。有些中学生被毒魔俘获，原因是好奇心驱使。一位吸毒的中学生回忆落入陷阱时说，当时几个同学聚会，一个同学说有种新奇的东西让大家尝尝，出于好奇心，他尝了尝，没想到从此就上了瘾。

20. 远离艾滋

2006~2008 年期间，重庆每年检出的艾滋病感染人数都达到了 1000 例以上，而青少年所占的比例从 3% 跃升到了 4%，性传播成为重庆青少年感染艾滋病的最主要途径。艾滋病正在向学校和青少年蔓延，然而，青少年对艾滋病知识的了解则非常有限。

联合国艾滋病规划署《2008 年全球艾滋病疫情报告》指出，在中国，年轻人能正确掌握艾滋病预防知识的仅有 41%，距离联合国大会艾滋病特别会议承诺宣言中设立的"到 2010 年，至少 95% 的 15~24 岁的青年男女能获得掌握预防艾滋病病毒感染的信息和教育"这一目标相距甚远。

艾滋病，即获得性免疫缺陷综合征（又译为后天性免疫缺陷症候群），英语缩写 AIDS 的音译。1981 年在美国首次注射和被确认。曾译为"爱滋病"、"爱死病"。分为两型：HIV-1 型和 HIV-2 型，是人体注射感染了"人类免疫缺陷病毒"（又称艾滋病病毒）所导致的传染病。

艾滋病传染主要是通过性行为、体液的交流而传播。体液主要有：精液、血液、阴道分泌物、乳汁、脑脊液和有神经症状者的脑组织中。其他体液中，如眼泪、唾液和汗液，存在的数量很少，一般不会导致艾滋病的传播。

艾滋病是一个健康问题，同时也是一个社会问题，社会中的每一个成员都有可能成为艾滋病流行的直接或间接受害者。艾滋病对个人、家庭和社会都造成不可忽视的危害。

从生理上讲，艾滋病病毒感染者一旦发展成艾滋病人，健康状况就会迅速恶化，患者身体上要承受巨大的痛苦，最后被夺去生命。从心理、社会上讲，艾滋病病毒感染者一旦知道自己感染了艾滋病病毒，心理上会产生巨大的压力。另外，艾滋病病毒感染者容易受到社会的歧视，很难得到亲友的关心和照顾。

社会上对艾滋病人及感染者的种种歧视态度会殃及其家庭，他们的家庭成员和他们一样，也要背负其沉重的心理负担。由此容易产生家庭不和，甚至导致家庭破裂。因为多数艾滋病病人及感染者处于养家糊口的年龄，往往是家庭经济的主要来源。当他们本身不能再工作，又需要支付高额的医药费时，其家庭经济状况就会很快恶化。有艾滋病病人的家庭，其结局一般都是留下孤儿无人抚养，或留下父母无人养老送终。

艾滋病主要侵害那些年富力强的20～45岁的成年人，而这些成年人是社会的生产者、家庭的抚养者、国家的保卫者。艾滋病削弱了社会生产力，减缓了经济增长，人均出生期望寿命降低，民族素质下降，国力减弱。社会的歧视和不公正待遇将许多艾滋病人及感染者推向社会，造成社会的不安定因素，使犯罪率升高，社会秩序和社会稳定遭到破坏。

艾滋病使千千万万的儿童沦为孤儿，使千万无辜儿童被迫承受失去亲人的痛苦，还要经常忍受人们的歧视、失学、营养不良以及过重的劳动负担。

艾滋病是我们人类共同的敌人，要消灭艾滋病需要全社会的共同努力，需要培养预防艾滋病的社会责任感，需要从"我"做起。艾滋病虽然是一种极其危险的传染病，目前还没有有效治愈的药物和方法，但是可预防。作为中学生来说主要预防措施是：

（1）不与他人共用针头、针管、纱布、药棉等用具。

（2）不以任何方式吸毒。

（3）不轻易接受输血和血制品。（如必须使用，要求医院提供经艾滋病病毒检测合格的血液和血制品）。

生命 平等 友善

Life Equal Friendly

（4）不发生婚前性行为。

（5）不去消毒不严格的医疗机构或其他场所打针、拔牙、穿耳朵眼、文身、文眉、针灸或手术。

远离艾滋，珍爱生命

（6）避免在日常救护时沾上受伤者的血液。

（7）不与他人共用有可能刺破皮肤的用具，如牙刷、刮脸刀和电动剃须刀。

户外活动篇

进行各种户外活动，是青少年参与社会实践的基础，也是青少年成长所必不可少的一个过程。但户外活动本身存在着较多的安全风险，如果不能学会应对户外活动中出现的各种意外情况，就会因处置不当而给自己的健康和安全造成伤害，有时这种损害是巨大的，甚至要付出生命的代价。因此，了解户外活动中存在的各种安全风险和相应的应对方法就是非常必要的了。

1. 遇到雷电怎么办

"不得了，不得了，祖孙两个人都被雷电击倒了！" 2008 年 7 月 28 日晚，一条惊人的消息不胫而走——四川省宜宾市翠屏区菜坝镇红旗村遭遇雷雨天气，年仅 9 岁的小女孩王语和 56 岁的奶奶在自家天台楼道上遭遇雷击，小王语当场被击身亡，奶奶背部被击伤。目击的村民称，在一声震耳欲聋的炸雷后，一道闪电飞快掠过小王语家的屋顶，随即冒起一股青烟。而据小王语的爷爷讲述，当晚 7 点 30 分左右，他正在厨房里做饭，小王语拿着两个塑料瓶在天台上接水玩耍，奶奶坐在楼道的一张凳子上，当时外面雷雨交加。在"咔嚓"一声巨响后不久，他听到楼道处传来老伴微弱的呻吟声，他急忙跑过去，发现小王语和奶奶均被雷电击倒在地，孙女趴在地上，满身红点，多处皮肤裂开，左脚掌被击穿了一个鹌鹑蛋大小的血洞，一点反应都没有，老伴的背上衣服则被烧了两个大窟窿。

以上就是一起典型的雷击事件。有专家指出，在任何给定时刻，世界上都有1800场雷雨正在发生，每秒大约有100次雷击。在雷电发生频率呈现平均水平的平坦地形上，每座90米高的建筑物平均每年会被击中一次。每座360米高的建筑物，比如广播或者电视塔，每年会被击中20次，每次雷击通常会产生6亿伏的高压。据不完全统计，我国每年因雷击以及雷击负效应造成的人员伤亡达3000～4000人，财产损失在50亿～100亿元人民币。

雷电会造成如此巨大的损失，那么，究竟雷电是怎样产生的呢？

雷电是伴有闪电和雷鸣的一种雄伟壮观而又有点令人生畏的放电现象。雷电一般产生于对流发展旺盛的积雨云中，因此常伴有强烈的阵风和暴雨，有时还伴有冰雹和龙卷风。积雨云顶部一般较高，可达20千米，云的上部常有冰晶。冰晶的淞附，水滴的破碎以及空气对流等过程，使云中产生电荷。云中电荷的分布较复杂，但总体而言，云的上部以正电荷为主，下部以负电荷为主。因此，云的上、下部之间形成一个电位差。当电位差达到一定程度后，就会产生放电，这就是我们常见的闪电现象。放电过程中，由于闪道中温度骤增，使空气体积急剧膨胀，从而产生冲击波，导致强烈的雷鸣。带有电荷的雷云与地面的突起物接近时，它们之间就发生激烈的放电。在雷电放电地点会出现强烈的闪光和爆炸的轰鸣声。这就是人们见到和听到的闪电雷鸣。

既然雷电是一种自然现象，并且发生的频率很高，那么我们应该如何预防雷电呢？具体地，预防雷电主要应该做到以下几点：

（1）建筑物上装设避雷装置。即利用避雷装置将雷电流引入大地而消失。

（2）在雷雨时，人不要靠近高压变电室、高压电线和孤立的高楼、烟囱、电杆、大树、旗杆等，更不要站在空旷的高地上或在大树下躲雨。

（3）不能用有金属立柱的雨伞。在郊区或露天操作时，不要使用金属工具，如铁撬棒等。

（4）不要穿潮湿的衣服靠近或站在露天金属商品的货垛上。

（5）雷雨天气时在高山顶上不要开手机，更不要打手机。

（6）雷雨天不要触摸和接近避雷装置的接地导线。

（7）雷雨天，在户内应离开照明线、电话线、电视线等线路，以防雷电侵入被其伤害。

（8）在打雷下雨时，严禁在山顶或者高丘地带停留，更要切忌继续登往高处观赏雨景，不能在大树下、电线杆附近躲避，也不要行走或站立在空旷的田野里，应尽快躲在低洼处，或尽可能找房屋或干燥的洞穴躲避。

（9）雷雨天气时，不要用金属柄雨伞，摘下金属架眼镜、手表、裤带，发生雷电时应该立即离开汽车到低洼处若是骑车旅游要尽快离开自行车，亦应远离其他金属制物体，以免产生导电而被雷电击中。

（10）在雷雨天气，不要去江、河、湖边游泳、划船、垂钓等。

（11）在电闪雷鸣、风雨交加之时，在室内，应立即关掉室内的电视机、收录机、音响、空调机等电器，以避免产生导电。打雷时，在房间的正中央较为安全，切忌停留在电灯正下面，忌倚靠在柱子、墙壁边、门窗边，以避免在打雷时产生感应电而致意外。

2. 巧避沙尘暴

2006 年 4 月 7 日凌晨，蒙古国东部的肯特省、东方省和苏赫巴托尔省等 9 个省区遭遇强沙尘暴袭击，风速达到 24～28 米/秒。沙尘暴发生时，许多牧民仍游牧在外。沙土起时，1 米开外就看不到人畜。蒙古国紧急情况总局称，共有 40 名牧民在风暴中失踪，寻找后发现，已有 8 人死亡。牧民的牲畜也没能幸免，由于牲畜往往顺着暴风跑，更容易走失。据不完全统计，已有 500 多头牲畜死亡。强沙尘暴还影响到蒙古国的铁路运输，导致 10 多个列车晚点。因铁轨被沙尘埋没，一列驶往蒙中边境扎门乌德的货车脱轨，所幸没有造成严重后果。这场沙尘暴还波及中国、韩国、日本等国家和地区。4 月 9 日下午，中国新疆吐鲁番地区已遭受特大沙尘暴袭击，为该地区 22 年来遭遇的最强沙尘天气。沙尘暴造成韩国一些航班被迫取消。这场沙尘暴甚至影响到千里之遥的日本，根据当地气象台报告，日本各地 8、9 日均观测到浮尘天气。

沙尘暴是沙暴和尘暴两者兼有的总称，是指强风把地面大量沙尘物质吹起卷入空中，使空气特别混浊，水平能见度小于 1000 米的严重风沙天气现象。其中沙暴系指大风把大量沙粒吹入近地层所形成的挟沙风暴；尘暴则是大风把大量尘埃及其他细粒物质卷入高空所形成的风暴。沙尘暴天气主要发生在春末夏初季节。这是由于冬春季干旱区降水甚少，地表异常干燥松散，抗风蚀能力很弱，在有大风刮过时，就会将大量沙尘卷入空中，形成沙尘暴天气。

世界有四大沙尘暴多发区，分别位于中亚、北美、中非和澳大利亚。我国的沙尘暴区属于中亚沙尘暴的一部分，主要发生在北方地区。总的特点是西北多于东北地区，平原或盆地多于山区，沙漠及边缘多于其他地区。且主要集中在两大区域：一是位于塔里木盆地的塔克拉玛干沙漠；另一个是从巴丹吉林沙漠东部，南至甘肃河西走廊，经腾格里沙漠乌兰布和至库布齐沙地和毛乌素沙地。另外在北疆克拉玛依地区、南疆的和田地区和青海的西北部地区是三个局地性沙尘暴区。

在发生沙尘天气时，要注意以下的一些事项：

（1）要注意走路、骑车少走高层楼之间的狭长通道。因为狭长通道会形成"狭管效应"，风力在通道中会加大，从而对行进在其中的行人带来一定的危险。

（2）要注意不要在广告牌和老树下长时间逗留。有的广告牌由于安装不牢，在强大风力的作用下有可能倒塌。而一些老树由于已经枯死，根基不牢，也非常有可能在大风天气中断裂，给行人造成危险。

（3）要注意轻型车的安全。由于轻型车重量较轻，在高速行驶中可能被大风掀起。所以要在轻型车上放一些重物，或者慢速行驶。

（4）要注意尽量少骑自行车。

（5）有风沙时应尽量避开室外锻炼，尤其是老人、体弱者。

（6）保持空气湿度。试验表明，50%～60%的相对湿度对人体最为舒适。在风沙天气里，空气十分干燥，相对湿度偏小，易诱发鼻出血、干眼病、角膜炎、咽炎等病。经常有鼻出血情况者，应常在鼻腔里滴几滴水，保持鼻腔的湿润，或可口含润喉片，使咽喉凉爽舒适。还会使皮肤干燥，失去水分。对此，室内可以使用加湿器，以及洒水、用湿墩布拖地等方法，以保持空气湿度适宜。亦可大量饮水，多吃粥类、汤类、果汁，增加肌体水分含量。

（7）沙尘天气来临时，应增强个人防护。细微的尘土无孔不入，一旦携带病菌，就会造成身体伤害。为防止有害物进入呼吸道，体质较弱者口罩、帽子、丝巾、眼镜一样都不能少。如果有条件的话，遭遇沙尘天气后，最好能洗个热水澡，全面彻底地清除体表尘沙，更换衣服，保持身体洁净舒适，从根本上断绝沙尘可能对身体的影响。

3. 海啸真可怕

2004年12月26日，印度尼西亚苏门答腊岛以北海域当地时间上午8时发生里氏8.9级强烈地震，地震引发巨大的海啸席卷了印度洋沿岸地区，海啸掀起狂涛骇浪，汹涌澎湃，产生极大的破坏力。印度尼西亚班达亚齐市最著名的海滩——乌来来海滩，海啸前这里风景如画，游人如织。海啸发生后，这里尸横遍野，随处可见丧生的游客。从海边向内陆的2000米内所有建筑几乎全部被摧毁，残垣断壁绵延50

余千米。一些原本是在海里重达数百吨的大渔船，在海啸之后直接被抛到了市区街道上。泰国的普吉岛在经历海啸后也花容失色：渔船歪七扭八地在海湾挤作一团，桅杆拦腰断裂，缆绳和船上的物品七零八落。街上一片狼藉，车辆排起了长龙。电线垂在半空中，纹丝不动。塑料水桶、轮胎、桌椅、门框、粗细不一的树枝、三轮车、粘着血迹的木料，应有尽有地堆在街上。斯里兰卡、马来西亚、马尔代夫，甚至非洲东海岸的国家都受到了海啸的影响。据统计，海啸共造成近30万人死亡，100多万人无家可归。

其实，海啸也是一种频繁发生的灾害，早在公元前47年（即西汉初元仁年）和公元173年（东汉熹平二年），我国就记载了莱州湾和山东黄县海啸。这些记载曾被国外学者广泛引用，并认为是世界上最早的两次海啸记载。全球的海啸发生区大致与地震带一致。全球有记载的破坏性海啸大约有260次左右，平均大约六七年发生一次。发生在环太平洋地区的地震海啸就占了约80%。而日本列岛及附近海域的地震又占太平洋地震海啸的60%左右，日本是全球发生地震海啸并且受害最深的国家。

海啸是一种灾难性的海浪，通常由震源在海底下50千米以内、里氏震级6.5以上的海底地震引起。水下或沿岸山崩或火山爆发也可能引起海啸。在一次震动之后，震荡波在海面上以不断扩大的圆圈，传播到很远的距离。海啸波长比海洋的最大深度还要大，轨道运动在海底附近也没受多大阻滞，不管海洋深度如

海啸很可怕

何，波都可以传播过去。

在海啸发生的时候，主要有以下的自救互救措施：

（1）地震是海啸最明显的前兆。如果你感觉到较强的震动，不要靠近海边、江河的入海口。如果听到有关附近地震的报告，要做好防海啸的准备，注意电视和广播新闻。要记住，海啸有时会在地震发生几小时后到达离震源上千千米远的地方。

（2）海上船只听到海啸预警后应该避免返回港湾，海啸在海港中造成的落差和湍流非常危险。如果有足够时间，船主应该在海啸到来前把船开到开阔海面。如果没有时间开出海港，所有人都要撤离停泊在海港里的船只。

（3）海啸登陆时海水往往明显升高或降低，如果你看到海面后退速度异常快，立刻撤离到内陆地势较高的地方。

（4）如果在海啸时不幸落水，要尽量抓住木板等漂浮物，同时注意避免与其他硬物碰撞。

（5）在水中不要举手，也不要胡乱挣扎，尽量减少动作，能浮在水面随波漂流即可。这样既可以避免下沉，又能够减少体能的无谓消耗。

（6）如果海水温度偏低，不要脱衣服。

（7）尽量不要游泳，以防体内热量过快散失。

（8）不要喝海水。海水不仅不能解渴，反而会让人出现幻觉，导致精神失常甚至死亡。

（9）尽可能向其他落水者靠拢，既便于相互帮助和鼓励，又因为目标扩大更容易被救援人员发现。

（10）人在海水中长时间浸泡，热量散失会造成体温下降。溺水者被救上岸后，最好能放在温水里恢复体温，没有条件时也应尽量裹上被、毯、大衣等保温。注意不要采取局部加温或按摩的办法，更不能给落水者饮酒，饮酒只能使热量更快散失。给落水者适当喝一些糖水有好处，可以补充体内的水分和能量。

（11）如果落水者受伤，应采取止血、包扎、固定等急救措施，重伤员则要及时送医院救治。

（12）要记住及时清除落水者鼻腔、口腔和腹内的吸入物。具体方法是：将落水者的肚子放在你的大腿上，从后背按压，将海水等吸入物倒出。如心跳、呼吸停止，则应立即交替进行口对口人工呼吸和心脏挤压。

4. 好大的一场雾

从 2004 年 12 月 18 日开始，印度北部地区的大雾天气导致了多起交通事故，至少造成了 17 人死亡。当地警方称，在印度东北部的比哈尔邦，一辆满载从尼泊尔朝觐归来的印度香客的大客车 18 日晚因大雾导致能见度低不慎从一座大桥上坠下，造成至少 14 人死亡，25 人受伤。大雾还使救援工作进展困难。同一天，大雾还在比哈尔邦造成了另外两起交通事故，两辆汽车分别与两列行驶中的火车相撞，造成 3 人死亡。此外，大雾还对当地的空中和铁路交通运输造成影响。在印度首都新德里，许多国际和国内航班因大雾被迫推迟起飞，火车的正点运营也受到影响。

雾的形成，和云形成过程相似，都是由于温度下降而造成的，因此，雾也可以说是靠近地面的云。如果地面热量散失，温度下降，空气又相当潮湿，那么当它冷却到一定的程度时，空气中一部分的水汽就会凝结出来，变成很多小水滴，悬浮在近地面的空气层里，就形成了雾。大雾经常造成高速公路封闭、航运中断、机场关闭、航班延误，甚至引发重大交通事故，上面的例子就是明证。我国的航班、道路、地铁、公交、铁路和长途客运也有受到雾的极大影响的事件，以北京为例，2008年12月1日，首都机场计划起飞700余架飞机，几乎全部延误，另外，备降在外地机场的飞机也都没有回京。

在大雾天气，人们应该增强自我保护意识，要根据天气情况改变自己的活动计划。比如，大雾天气就不宜进行体育锻炼。有些人锻炼身体很有毅力，不论什么天气，从不间断。其实，有毅力是好事，但天天坚持也未必正确，比如雾天锻炼就有些得不偿失。雾天，污染物与空气中的水汽相结合，将变得不易扩散与沉降，这使得污染物大部分聚集在人们经常活动的高度。而且，一些有害物质与水汽结合，会变得毒性更大，如二氧化硫变成硫酸或亚硫化物，氯气水解为氯化氢或次氯酸，氟化物水解为氟化氢。因此，雾天空气的污染比平时要严重得多。还有一个原因也需要强调一下，那就是组成雾核的颗粒很容易被人吸入，并容易在人体内滞留，而锻炼身体时吸入空气的量比平时多很多，雾天锻炼身体吸入的颗粒会很多，这更加加剧了有害物质对人体的损害程度。如长时间滞留在这种环境中，人体会吸入有害物质，消耗营养，造成机体内损，极易诱发或加重疾病。尤其是一些患有对环境敏感的疾病，如支气管哮喘、肺炎等呼吸系统疾病的人，会出现正常的血液循环阻碍，导致心血管病、高血压、冠心病、脑溢血等。

大雾天气人们要减少户外活动时间，在户外时戴上围巾、口罩，保护好皮肤、咽喉、关节等部位，中老年、儿童、身体虚弱的人更应重点防护。在多雾天气，有相关呼吸道病史的病人最好早晚不要出去，尽量减少到公共场所的机会。大雾如果持续 3~4 天，将会对有慢性支气管炎、哮喘等疾病的病人造成负担。对于普通人要避免过度劳累，少食刺激性食物。可以适当多吃些虾皮、牛奶、豆腐，同时要补充维生素 D。注意防范急性上呼吸道感染、感冒、急性气管、支气管炎等疾病。

另外，雾天对于开车的人们来说，更应该分外小心，具体地，应该做到以下几点：

（1）严格遵守交通规则。雾天行车视野不佳，这是发生交通事故的主要原因。因此雾天驾驶首先是要与前车保持足够的安全车距，不要跟得太紧，更不要随便超车。

（2）控制车速。要尽量靠路中间行驶，不要

雾天开车要小心

沿着路边行车，以防不小心落入路侧的排水沟，或者与路边临时停靠的车相撞。要遵守灯光使用规定，打开前后雾灯、尾灯、示宽灯和近光灯，利用灯光来提高能见度。雾天行车不要使用远光灯，因为远光灯射出的光线容易被雾气漫反射，会在车前形成白茫茫一片，开车的人反而什么都看不见。在雾天视线不好的情况下，勤按喇叭可以起到警告其他车辆的作用。当听到其他车的喇叭声时，应当立刻鸣笛回应，提示自己的行车位置。

（3）听从指挥。要听从高速公路执法人员的指挥，在收费站等候时，应遵守交通规则，不要争道抢行；在进行编队放行时，必须保持车距，严禁超越前车，直至驶离有雾路段。

5. 台风刮得正紧

2009 年 8 月 8 日，台风"莫拉克"袭击我国台湾地区，造成重大人员伤亡。2009 年第 9 号热带风暴"莫拉克"于 8 月 2 日下午 5 点在菲律宾东北部洋面上生成；8 月 3 日下午 5 点加强为台风，台风中心最大风力达到 12 级，7 日晚 10 点在台湾省花莲县登陆，登陆后其强度有所减弱，并继续向西北方向移动；8 日上午 8 点强热带风暴进入台湾海峡，中心附近最大风力达到 10 级；当天下午 2 点，强热带风暴位于福建莆田以东约 100 千米的洋面上，中心附近最大风力有 10 级，移向转为北偏东方向；8 月 9 日 19 点 30 分，"莫拉克"在福建省晋江市围头登陆。

截止到 2009 年 8 月 25 日下午 6 时，台湾"中央灾害应变中心"公布伤亡统计数据为，全台有 461 人死亡、192 人失踪、46 人受伤。死亡人数依序为高雄县 392 人、台南县 28 人、屏东县 23 人、南投县 7 人、嘉义县 7 人、彰化县 3 人、云林县 1 人；其中，高雄县部分，包括甲仙乡小林村死亡 318 人、失去联系 24 人、六龟乡新开部落死亡 26 人、那玛夏乡死亡 20 人。

台风是一种产生于热带洋面上的强烈的热带气旋。这种热带气旋会因发生地点的不同，而有着不同的叫法。在北太平洋西部、国际日期变更线以西，包括南中国海范围内发生的热带气旋称为台风；而在大西洋或北太平洋东部的热带气旋则称飓风，也就是说在美国一带称飓风，在菲律宾、中国、日本、东亚一带叫台风；在南半球称旋风。

台风源地分布在西北太平洋广阔的洋低纬洋面上。西北太平洋热带扰动加强发展为台风的初始位置，在经度和纬度方面都存在着相对集中的地带。在东西方向上，热带扰动发展成台风相对集中在 4 个海区。它们是南海中北部的海面、菲律宾群岛以东和琉球群岛附近海面、马里亚纳群岛附近海面、马绍尔群岛附近海面。

台风的成因，是热带海面受太阳直射而使海水温度升高，海水蒸发成水汽升空，而周围的较冷空气流入补充，然后再上升，如此循环，终必使整个气流不断扩大而形成"风"。由于海面之广阔，气流循环不断加大直径乃至有数千米。由于地球由西向东高速自转，致使气流柱和地球表面产生摩擦，由于越接近赤道摩擦力越强，这就引导气流柱逆时针旋转，（南半球系顺时针旋转）由于地球自转的速度快而气流柱跟不上地球自转的速度而形成感觉上的西行，这就形成了台风和台风路径。

由于台风具有很大的破坏力，可能会对人身安全构成威胁，因此，在台风天气发生时，要特别注意以下事项：

（1）尽量在台风袭来前结束室外、野外活动，如果台风袭来时正在室外、野外活动，必须非常小心。

（2）步行时要注意防砸。步行时要弯腰慢步，尽可能抓住附近栏杆等固定物。过桥时若风力特大，须伏身爬行。在周边楼房密集的马路上，此时很可能有花盆、玻璃、广告牌突然坠落，行走时要特别注意高处动静。

（3）尽量不要选择骑车。台风刮来时，人体受到的冲力是很大的。如果骑自行车、助动车或摩托车，受到的冲力可能更大，车头可能漂移失控。对于上班或是需要外出的人来说，如果当天有台风来袭的话，就不要选择骑车了。

（4）开车要注意降速。台风来袭时，风雨往往忽大忽小。如果风雨一时变小，开车市民也要保持低速慢行，看清道路。因为若此时突然又刮起强风，行人很可能身不由己地被刮至车前。另外，在过下通式立交桥前要先降速，看清桥下有无可能导致车辆熄火的积水。

（5）躲避暴风雨的同时也要注意防雷击，不宜靠近铁塔、变压器、吊机、金属棚、铁栅栏、金属晒衣架，不要在大树底下以及铁路轨道附近停留。

（6）台风刮来时或台风去后常可能发生触电事故。在台风去后，特别要关照孩子别去电线吹落处玩耍。看到落地电线，无论电线是否扯断，都不要靠近，更不要用湿竹竿、湿木杆去拨动电线。若住宅区内架空电线落地，可先在周围竖起警示标志，再拨打电力热线报修。

（7）如果家中只有老人，而菜场、超市离家又较远，不妨多买些水果、蔬菜、鱼肉等副食品储存备用。

6. 雪崩真危险

2002 年 8 月 7 日，北京大学山鹰登山队林礼清、杨磊、卢臻、雷宇、张兴柏 5 名队员在攀登西藏希夏邦马西峰顶峰的过程中，遭遇雪崩，2 人遇难，3 人失踪。信息传来，5 名队员的亲人和校友无不沉浸在悲痛之中。

雪崩是指在积雪的山坡上，当积雪内部的内聚力抗拒不了它所受到的重力拉引时，便向下滑动，引起大量雪体崩塌的自然现象。有时也叫做"雪塌方"、"雪流沙"或"推山雪"。雪崩往往从宁静的、覆盖着白雪的山坡上部开始，突然间，咔嚓一声，勉强能够听见的这种声音告诉人们这里的雪层断裂了。先是出现一条裂缝，接着，巨大的雪体开始滑动。雪体在向下滑动的过程中，迅速获得了速度。于是，雪崩体变成一条几乎是直泻而下的白色雪龙，腾云驾雾，呼啸着声势凌厉地向山下冲去。雪崩是一种所有雪山都会有的地表冰雪迁移过程，它们不停地从山体高处借重力作用顺山坡向山下崩塌，崩塌时速度可以达 20 ~ 30 米/秒，随着雪体的不断下降，速度也会突飞猛涨，一般 12 级的风速度为 20 米/秒，而雪崩将达到 97 米/秒，速度可谓极大。

雪崩被人们列为积雪山区的一种严重自然灾害。雪崩具有突然性、运动速度快、破坏力大等特点。它能摧毁大片森林，掩埋房舍、交通线路、通讯设施和车辆，甚至能堵截河流，发生临时性的涨水。同时，它还能引起山体滑坡、山崩和泥石流等可怕的次生灾害。

雪崩对个人或是登山者来说都是非常危险的，因此在雪地活动的人应该特别注意以下几点事项：

（1）天气时冷时暖，天气转晴，或春天开始融雪时，积雪变得很不稳固，很容易发生雪崩。探险者应避免走雪崩区。实在无法避免时，应采取横穿路线，切不可顺着雪崩槽攀登。在横穿时要以最快的速度走过，并设专门的瞭望哨紧盯雪崩的可能发生区，一有雪崩迹象或已发生雪崩要大声警告，以便赶紧采取自救措施。

（2）大雪刚过，或连续下几场雪后切勿上山。此时，新下的雪或上层的积雪很不牢固，稍有扰动都足以触发雪崩。大雪之后常常伴有好天气，必须放弃好天气等待雪崩过去。如必须穿越雪崩区，应在上午 10 点以后再穿越。因为此时太阳已照射雪山一段时间了，若有雪崩发生的话也多在此时以前，这样也可以减少危险。

（3）不要在陡坡上活动。因为雪崩通常是向下移动，在1：5的斜坡上，即可发生雪崩。高山探险时，无论是选择登山路线或营地，应尽量避免背风坡。因为背风坡容易积累从迎风坡吹来的积雪，也容易发生雪崩。

（4）集体行动时如有可能应尽量走山脊线，走在山体最高处。如必须穿越斜坡地带，切勿单独行动，也不要挤在一起行动，应一个接一个地走，后一个出发的人应与前一个保持一段可观察到的安全距离。在选择前进路线或宿营地点时，要警惕所选择的平地。因为在陡峻的高山区，雪崩堆积区最容易表现为相对平坦之地。

（5）在高山前进和休息时，不要大声说话，以减少因空气震动而触发雪崩。

（6）最好每一个队员身上系一根红布条，以备万一遭雪崩时易于被发现。

（7）注意雪崩的先兆，例如冰雪破裂声或低沉的轰鸣声，雪球下滚或仰望山上见有云状的灰白尘埃。雪崩经过的道路，可依据峭壁、比较光滑的地带或极少有树的山坡的断层等地形特征辨认出来。

一旦遇到了雪崩，则应该掌握以下的急救措施：

（1）马上远离雪崩的路线。这时要冷静判断当时形势。出于本能，会直朝山下跑，但冰雪也向山下崩落，而且时速达到200千米。向下跑反而危险，可能给冰雪埋住。向旁边跑较为安全，这样，可以避开雪崩，或者能跑到较高的地方。逃生时抛弃身上所有笨重，如背包、滑雪板、滑雪杖等。带着这些物件，倘若陷在雪中，活动起来会显得更加困难。

（2）切勿用滑雪的办法逃生。不过，如处于雪崩路线的边缘，则可疾驶逃出险境。如果给雪崩赶上，无法摆脱，切记闭口屏息，以免冰雪涌入咽喉和肺引发窒息。抓紧山坡旁任何稳固的东西，如矗立的岩石之类。即使有一阵子陷入其中，但冰雪终究会泻完，那时便可脱险了。

（3）如果被雪崩冲下山坡，要尽力爬上雪堆表面，平躺，用爬行姿势在雪崩面的底部活动，休息时尽可能在身边造一个大的洞穴。在雪凝固前，试着到达表面。扔掉你一直不能放弃的工具箱——它将在你被挖出时妨碍你抽身。节省力气，当听到有人来时大声呼叫。同时以俯泳、仰泳或狗爬法逆流而上，逃向雪流的边缘。

（4）被雪掩埋时，冷静下来，让口水流出从而判断上下方，然后奋力向上挖掘。逆流而上时，也许要用双手挡住石头和冰块，但一定要设法爬上雪堆表面。

7. 火山喷发要远离

1985 年 11 月 13 日夜晚，哥伦比亚拥有 2.5 万人口的阿美罗小镇上的人们进入了梦乡，整个小镇一片宁静。半夜 11 点的钟声刚刚敲过，突然一道紫色的闪光撕裂了漆黑的夜幕，巨大的响声从那道可怕的闪光处传来。火山发出一声声震天动地的巨响，地动山摇，狂风大作，火山喷出的灼热岩浆顿时融化了山上的层层积雪，冰冷的积雪变成了滚热的液体，顺着山脉顿时溢满泥浆，随后泥浆溢出河床，形成了一片黏稠可怕的汪洋。只过了短短的 8 分钟，泥石流就吞没了阿美罗，一个原本充满生机的小镇，瞬间在地球上消失得无影无踪，那里的 2 万多居民也在这一瞬间成为大自然的牺牲品，幸存者寥寥无几。

这就是著名的鲁伊斯火山大喷发，它夺去了 2.5 万人的生命，5000 多人受伤，5 万人无家可归，13 万人成为灾民。哥伦比亚的经济损失也相当严重。火山喷发使 15 个城镇受灾，面积达 3 万平方千米。在这个方圆范围内，输水管道、线路、桥梁、学校、医院等公共设施遭到破坏。哥伦比亚是世界上重要的咖啡出口国，咖啡是哥伦比亚经济的支柱创汇业，而受灾地区又是哥伦比亚重要的咖啡产地。火山喷发破坏了大面积的咖啡园，正在成熟的咖啡豆化为灰烬，给哥伦比亚带来了数千万美元的损失。

火山喷发是岩浆等喷出物在短时间内从火山口向地表的释放。由于岩浆中含大量挥发成分，加之上覆岩层的围压，使这些挥发成分溶解在岩浆中无法溢出，当岩浆上升靠近地表时，压力减小，挥发成分急剧被释放出来，于是形成火山喷发。火山喷发是一种奇特的地质现象，是地壳运动的一种表现形式，也是地球内部热能在地表的一种最强烈的显示。

火山喷发往往几个月前就能有征兆，因为在突然喷发以前，岩浆会从下面向外挤压，在火山的一侧产生一个可看得见的圆丘。小的火山岩喷发会使圆丘增加隆起程度，使它更不稳定，直到最后发生崩溃，产生巨大爆炸释放压力。但是它什么时候将突然爆发，很难准确预测。

在火山喷发过程中，挥发性物质充当了重要的角色，它不仅是火山喷发的产物，更是火山喷发的动力。从岩浆的产生到火山喷发的整个过程，挥发性物质的活动无一不在起作用。

火山喷发大致经历孕育、上升、喷发、塌落几个过程。在火山喷发的孕育阶段，由于气体出溶和震群的发生，上覆岩石裂隙化程度增高，压力降低，而岩浆体内气体出溶量不断增加，岩浆体积逐渐膨胀，密度减小，内压力增大，当内压力大大超过外部压力时，在上覆岩石的裂隙密度带发生气体的猛烈爆炸，使岩石破碎，并打开火山喷发的通道，首先将碎块喷出，相继而来的就是岩浆的喷发。气体爆炸之后，气体以极大的喷射力将通道内的岩屑和深部岩浆喷向高空，形成了高大的喷发柱。喷发柱在上升的过程中，携带着不同粒径和密度的碎屑物，这些碎屑物依着重力的大小，分别在不同高度和不同阶段塌落。

但是，火山喷发并非千篇一律，像夏威夷基拉韦厄火山那样的喷发，事前熔岩已静静地流出，由于熔岩流动缓慢，因而只破坏财产而没有危及生命。而像1883年印尼喀拉喀托火山那样的火山碎屑喷发或蒸气爆炸（或蒸气猛烈爆发），则造成人员的重大伤亡。

个人在遇到火山喷发时，应该根据火山喷发物的不同，而采取相应的应急措施：

（1）熔岩：迅速跑出熔岩流的路线范围。

（2）火山喷射物：如果从靠近火山喷发处逃离，应佩戴头盔，或用其他物品护住头部，防止砸伤。

火山喷发，躲避有诀窍

（3）火山灰：具有刺激性，会对肺部产生伤害。逃生时应用湿布护住口鼻，或佩戴防毒面具。当火山灰中的硫黄随雨而落时，会灼伤皮肤、眼睛和黏膜。应戴上护目镜、通气管面罩或滑雪镜。到避难所后，要脱去衣服，彻底洗净暴露在外的皮肤，用干净水冲洗眼睛。

（4）气体球状物：火山喷发时会有气体和灰球体以超过每小时160千

米的速度滚下火山。可躲避在附近坚实的地下建筑物中，或跳入水中，屏住呼吸半分钟左右，球状物就会滚过去。

8. 洪水无情

1998年6月12～27日，受暴雨影响，鄱阳湖水系暴发洪水，抚河、信江、昌江水位先后超过历史最高水位；洞庭湖水系的资水、沅江和湘江也发生了洪水。两湖洪水汇入长江，致使长江中下游干流监利以下水位迅速上涨，从6月24日起相继超过警戒水位。期间由于暴雨频降，到8月16日，宜昌出现第六次洪峰，流量63300立方米/秒，为1998年的最大洪峰。这次洪峰在向中下游推进过程中，与清江、洞庭湖以及汉江的洪水遭遇，中游各水文站于8月中旬相继达到最高水位。之后又有第七次、第八次洪峰出现。

同年入汛之后，松花江上游嫩江流域降水量明显偏多，先后发生三次大洪水。其中第三次洪水发生在8月上中旬，为嫩江全流域型大洪水。支流诺敏河古城子水文站、雅鲁河碾子山水文站、洮儿河洮南水文站水位均超过历史记录，洪水重现期为100～1000年。在嫩江堤防6处漫堤决口的情况下，齐齐哈尔、江桥、大赉站的洪峰流量都超过了1932年。

此外，同年6月份，珠江流域的西江发生了百年一遇的大洪水。西江支流桂江上游桂林水文站6月份连续出现4次洪峰，最高水位达147.70米，为历史实测最高值。受上游干支流来水和区间降雨的共同影响，西江干流梧州最大流量52900立方米/秒，水位26.51米，为20世纪第二位大洪水。6月中下旬，福建闽江支流建溪、富屯溪流域出现持续性暴雨，致

174

使闽江干流发生大洪水。闽江干流水口电站最大入库流量 37000 立方米/秒,洪水经水库调蓄后,干流竹岐水文站最高水位 16.95 米,最大流量 33800 立方米/秒,为 20 世纪最大洪水,洪水重现期约为 100 年。

1998 年洪水大、影响范围广、持续时间长,洪涝灾害严重。全国共有 29 个省(自治区、直辖市)遭受了不同程度的洪涝灾害。据各省统计,农田受灾面积 2229 万公顷(3.34 亿亩),成灾面积 1378 万公顷(2.07 亿亩),死亡 4150 人,倒塌房屋 685 万间,直接经济损失 2551 亿元。江西、湖南、湖北、黑龙江、内蒙古、吉林等省(区)受灾最重。

洪水就是河、湖、海所含的水体上涨,超过常规水位的水流现象。洪水常威胁沿河、滨湖、近海地区的安全,甚至造成淹没灾害。洪水灾害的防御需要政府的有效组织,但个人也应该在洪水到来前做好一些准备工作。具体地,要注意以下几点:

(1)根据当地电视、广播等媒体提供的洪水信息,结合自己所处的位置和条件,冷静地选择最佳路线撤离,避免出现"人未走水先到"的被动局面。

(2)认清路标,明确撤离的路线和目的地,避免因为惊慌而走错路。

(3)备足速食食品或蒸煮够食用几天的食品,准备足够的饮用水和日用品。

(4)扎制木排、竹排,搜集木盆、木材、大件泡沫塑料等适合漂浮的材料,加工成救生装置以备急需。

(5)将不便携带的贵重物品作防水捆扎后埋入地下或放到高处,票款、首饰等小件贵重物品可缝在衣服内随身携带。

(6)保存好可以使用的通讯设备。

洪水到来后,也应该掌握一些基本的自救方法:

(1)洪水到来时,来不及转移的人员,要就近迅速向山坡、高地、楼房、避洪台等地转移，或者立即爬上屋顶、楼房高层、大树、高墙等高的地方暂避。

（2）如洪水继续上涨，暂避的地方已难自保，则要充分利用准备好的救生器材逃生，或者迅速找一些门板、桌椅、木床、大块的泡沫塑料等能漂浮的材料扎成筏逃生。

（3）如果已被洪水包围，要设法尽快与当地政府防汛部门取得联系，报告自己的方位和险情，积极寻求救援。注意千万不要游泳逃生，不可攀爬带电的电线杆、铁塔，也不要爬到泥坏房的屋顶。

洪水自救很重要

（4）如已被卷入洪水中，一定要尽可能抓住固定的或能漂浮的东西，寻找机会逃生。

（5）发现高压线铁塔倾斜或者电线断头下垂时，一定要迅速远避，防止直接触电或因地面"跨步电压"触电。

9. 泥石流来啦

1999 年 12 月 15 日到 16 日，委内瑞拉北部阿维拉山区加勒比海沿岸的 8 个州连降特大暴雨，造成山体大面积滑塌，数十条沟谷同时暴发大规模的泥石流，汹涌的泥流从山坡上奔泻而下，到处横冲直撞，像野兽一样，毫不留情地吞噬着沿途的一切，数万人的生命在它的魔爪之下苦苦挣扎。大量房屋

被冲毁，多处公路被毁，大片农田被淹。据估计，委内瑞拉全国有33.7万人受灾，14万人无家可归，死亡人数超过3万，经济损失高达100亿美元，这场泥石流以它前所未有的破坏性，成为20世纪南美洲最严重的自然灾难。进入21世纪以后，泥石流灾难的报道依然频见报端，其中，以2006年2月17日发生在菲律宾莱特省的泥石流损失最为惨重。因连日天降暴雨，位于菲律宾首都马尼拉东南约670千米的圣贝尔纳镇的昆萨胡贡村发生泥石流，泥石流瞬间将村庄中500余座房屋和一所正在上课的小学全部吞没。据菲律宾红十字会估计，泥石流导致约200人丧生，1500人失踪。

泥石流是如此可怕，那么，究竟什么是泥石流呢？它具有怎样的特征？哪些地方容易发生泥石流？

泥石流是山区沟谷中，由暴雨、冰雪融水等水源激发的，含有大量的泥沙、石块的特殊洪流。其特征是往往突然暴发，浑浊的流体沿着陡峻的山沟前推后拥，奔腾咆哮而下，地面为之震动、山谷犹如雷鸣。在很短时间内将大量泥沙、石块冲出沟外，在宽阔的堆积区横冲直撞、漫流堆积，常常给人类生命财产造成重大危害。

泥石流常发生于地质构造复杂、断裂褶皱发育，新构造活动强烈，地震烈度较高的地区。地表岩石破碎，崩塌、错落、滑坡等不良地质现象发育。为泥石流的形成提供了丰富的固体物质来源；另外，岩层结构松散、软弱、易于风化、节理发育或软硬相间成层的地区，因易受破坏，也能为泥石流提供丰富的碎屑物来源；一些人类工程活动，如滥伐森林造成水土流失，开山采矿、采石弃渣等，往往也为泥石流提供大量的物质来源。

泥石流是水与泥沙石块相混合的流动体，由于含有大量固体碎屑物，其运动过程产生巨大动能，而不同于一般洪水，常有一些特有的现象。比如，很多泥石流暴发之初常可听到由沟内传出的犹如火车轰鸣或响雷声，地面也发出轻微的震动，有时在响声之前，原在沟槽中流动的水体突然出现片刻断流。随响声增大，泥石流似狼烟扑滚而来。所以，出现断流、响声等现象时，已经预告了泥石流的发生。

人们应该掌握一定的逃生技巧，这样才能在遭遇泥石流时，降低自己和身边的人伤亡的可能。具体地，应该做到以下几点：

（1）警惕泥石流的发生。比如在连续长时间降雨后，就应该在心理上提高警惕，尽量不要外出到泥石流易发区。如果暴雨过后听到山谷中出现雷鸣般的声响，则发生泥石流的可能性非常大，这时更应该提高警惕，防止意外发生。千万不要暴雨时在山谷中行走，听到山谷中有声响而不在乎。

（2）一旦发现河谷里已有泥石流形成，应及时通知大家转移。在逃离过程中，应照顾好老弱病残者。

（3）野外露宿时，千万不要选择在山谷和河沟底部，并且要避开有滚石和大量堆积物的山坡下面，而应该选择露宿在平整的高地。

（4）在发生泥石流时，应该立刻向河床两岸高处跑，向与泥石流成垂直方向的两边山坡高处爬，来不及奔跑时要就地抱住河岸上的树木。因为，躲避泥石流的地方一般是在离泥石流发生地较远处的安全

野外宿营要提防泥石流

高地、河谷两岸的山坡高处、河床两岸高处这些地方。千万不要往泥石流的下游方向逃生，或者顺着泥石流方向奔跑。

（5）泥石流发生后，千万不要饮用被污染了的水，以免发生中毒，可考虑收集雨水饮用。食品不足时，应适量进食来维持生命。若食物已短

缺，应一边寻找山果等充饥，一边等待救援。

（6）要时刻铭记在心的是，安全的高地才是躲避泥石流的最好场所。因此，在躲避过一次泥石流后，不要放松警惕待在原地不动，甚至回到山谷中去，而是应该继续向更高更安全的高地出发，以防泥石流的再次发生。

10. 险遇山地滑坡

2009 年 5 月 16 日下午，兰州市九洲开发区石峡口小区发生山体滑坡。由于滑坡剪出口高出地面 30 多米，滑动势能大，破坏力强，而居民楼离山体很近，崩塌的 2 万余立方米黄土将小区内 4 号楼两个单元的楼体，冲倒在 7 米多深的排洪沟内，30 余户居民受灾。8 人被埋压，除成功救援生还 1 人外，其余 7 人遇难。

2008 年 1 月 3 日中午，涪陵区第五中学附近（桥南天子殿社区）发生大规模山体滑坡，连绵滑坡山体顶点高约 130 米，整体方量约 250 万土石方，滑坡超过 16 万土石方，"吞噬"迎宾大道长达 360 米。

2007 年 6 月 16 日至 20 日，重庆云阳县遭受暴雨袭击，6 月 22 日，距离云阳新县城 8 千米的云阳县双江镇建民村，突然发生重大山体滑坡。造成当地农户房屋垮塌 30 余间、损毁家具 100 多件、活埋牲畜 50 多头，以及电源、通讯、公路、水利等基础设施破坏严重，直接经济损失达 50 余万元。

……

山体滑坡在我国是一种多发性的自然灾害。所谓山体滑坡，是指山体斜坡上某一部分岩土在重力（包括岩土本身重力及地下水的动静压力）作用下，沿着一定的软弱结构面（带）产生剪切位移而整体地向斜坡下方移动的作用和现象。俗称"走上"、"垮山"、"地滑"、"土溜"等。

滑坡的活动时间主要与诱发滑坡的各种外界因素有关，如地震、降温、冻融、海啸、风暴潮及人类活动等。有些滑坡受诱发因素的作用后，立即活动。如强烈地震、暴雨、海啸、风暴潮等发生时和不合理的人类活动，如开挖、爆破等时，都会有大量的滑坡出现。有些滑坡发生时间稍晚于诱发作用因素的时间。如降雨、融雪、海啸、风暴潮及人类活动之后。这种滞后性规律在降雨诱发型滑坡中表现最为明显，该类滑坡多发生在暴雨、大雨和长时间的连续降雨之后，滞后时间的长短与滑坡体的岩性、结构及降雨量的大小有关。一般讲，滑坡体越松散、裂隙越发育、降雨量越大，则滞后时间越短。此外，人工开挖坡脚之后，堆载及水库蓄、泄水之后发生的滑坡也属于这类。由人为活动因素诱发的滑坡的滞后时间的长短与人类活动的强度大小及滑坡的原先稳定程度有关。人类活动强度越大、滑坡体的稳定程度越低，则滞后时间越短。

当遇到滑坡正在发生时，为了自救或救助他人，应该做到以下几点：

（1）要镇静，不可惊慌失措。当处在滑坡体上时，首先应保持冷静，不能慌乱；慌乱不仅浪费时间，而且极可能做出错误的决定。

（2）要迅速环顾四周，向较为安全的地段撤离。一般除高速滑坡外，只要行动迅速，都有可能逃离危险区段。

（3）避灾场地应选择在易滑坡两侧边界外围。遇到山体崩滑时要朝垂直于滚石前进的方向跑。在确保安全的情况下，离原居住处越近越好，交通、水、电越方便越好。切忌不要在逃离时朝着滑坡方向跑。更不要不知所措，随滑坡滚动。千万不要将避灾场地选择在滑坡的上坡或下坡。也不要未经全面考察，从一个危险区跑到另一个危险区。同时要听从统一安排，不要自择路线。

（4）跑不出去时应躲在坚实的障碍物下。遇到山体崩滑，当你无法继续逃离时，应迅速抱住身边的树木等固定物体。可躲避在结实的障碍物下，或蹲在地坎、地沟里。应注意保护好头部，可利用身边的衣物裹住头部。

（5）对于尚未滑动的滑坡危险区，一旦发现可疑的滑坡活动时，应立即报告邻近的村、乡、县等有关政府或单位。

（6）滑坡停止后，不应立刻回家检查情况。因为滑坡会连续发生，贸然回家，从而遭到第二次滑坡的侵害。只有当滑坡已经过去，并且自家的房屋远离滑坡，确认完全安全后，方可进入。

另外，在野外活动时也要特别注意躲避滑坡险情。外出旅游时一定要远离滑坡多发区，野营时避开陡峭的悬崖和沟壑，避开植被稀少的、潮湿的山坡，因为这些地方都是滑坡可能发生的地区。

11. 登山迷路了

在野外旅游登山，如果没有导游服务，又被如诗如画的大自然所陶醉而流连忘返，那么你很可能会迷路，这样，有必要掌握一些基础知识以备临时之需。要防迷路就要学会辨别方向。在晴和的白日或夜晚，天上有太阳或北斗星当然方便，但若在阴雨天气或茫茫林区，要辨方向也需有些窍门：

（1）可观察树木，由于植物喜阳，故树木向阳的一面枝叶繁茂，树干纹理较另一面光疏。

（2）可观察石头，石头向阳一面往往光滑、裸露，而朝阴一面则粗糙多苔类植被。

（3）可观察土地，向阳一侧往往草木茂盛，而阴坡则植物稀疏，若在高原地区，即使在夏季，阴坡仍会有积雪或残冰。这样，凡阳面即南面，凡阴面即为北面，大致可以辨出方位。

如果是结队而行，避免迷路或走散最好的方法就是，若在10分钟之内看不到队友，也听不到队友的声音，就要当心了，这时可扯开嗓子呼唤队友，如果没有回应，应立即打电话，如果没有信号则应立即原路返回，寻找队友。这样多半可以避免迷路。

那么，一旦迷路了又该怎么办呢？

（1）要保持镇静，不要心慌，仔细回忆一下自己走过的路。从最有代表性的地点如何走到此处的？如果按原路返回是否可以走上正道？如果是在密林之中，可试探着往回走，但一定要每走8~10米时在树上做一个记号。可折断一根树枝，也可在树干上划一个痕记以防再次走错方向时返回原地。

（2）如果是组队前往，可首先与队友取得联系。和队友联系时应站在高处视野开阔的地方，选择典型的地物地貌告诉队友，如山下道路特别的拐弯、水库、颜色形状特别的房屋、高处孤立的树木、与某一个山头的相对位置。

（3）要记住走过的路两侧的地形地貌，可站在高处观察一下，如发现经过的物记。便可返回该处，再一程一程返回去即可回到出发地，重新弄清方向。

（4）向有声音的方向寻找出路。山中总有牧人或樵夫或采药人，也应有农民，如迷失方向可静听远处声音，只要有声音便会有人活动，便可问清路径。

（5）天黑前无法找到出路时，要尽早扎营。如果发现不可能当天走下山，天黑前选好地方扎营，尽量想办法生一堆火，用草木灰洒在营地周围，驱赶蛇虫。任何有刺激性气味的东西都可以洒在周围，都有一定

登山要注意防止迷路

功效，如活络油、煤油、蒿草等等。食物的味道则可能引来动物，要保管好。选择营地、清理营地、收集干柴……这些事情通常要花两小时左右，所以要早一点决定扎营，天黑了才扎营就免不了慌乱。坚持到天亮，第二天多半就可以自己走出去了。

（6）优先选择走明显山路。横跨山脊的明显山路通常都不会断，而一些沿山脊延伸的小道由于久无人走会忽然断掉。结合大的地形判断有助于提高准确性。太小的路不要走。

其次是走有路的山脊或没有灌木的山脊。如果迷路时在高处，能看清地形，则可以看看山脊上有没有灌木，如果没有灌木树林，比如是防火带，就可以沿着山脊下山。

再次是沿溪而下。沿溪而下是肯定可以走出去的，只是可能会碰到悬崖、深潭或非常湿滑的山谷，有些地方可能无法通过，必须从两旁绕行，而这种地方可能树林很密或相当陡峭危险，要特别小心谨慎，以防受伤。

当然，要避免登山时发生迷路的情况，还需要在进行活动前，做好心理及生理方面的充分准备，要了解自己的身体情况，并对路线进行详细的计划；要了解天气情况；还要了解一定的急救知识及地理、动物及植物知

识。装备方面要保持多带一件防风防雨及保暖的衣物，始终保持富余半瓶水，一顿餐；携带必需的药物，身份识别信息资料；携带必要的装备：手机、手台及卫星电话、GPS、地图、指南针、海拔表、头灯、电筒、绳索、急救毯、安全带等。另外，登山必须有合适的伴侣，禁止单独上山，另外还要将行程告诉留守人员。

12. 被蛇咬到了

据山东烟台《今晨6点》报道，2009年6月17日上午9点左右，家住牟平区某村的李老汉到田里除草，突然感觉到左脚腕部一阵刺痛，低头一看，一条灰褐色的大蛇从他脚旁快速离去。"被蛇咬了！"李老汉心头一惊。头一次遭蛇咬李老汉十分害怕，但求生的欲望使他很快镇静下来。根据自己了解的处理办法，他马上进行自救：先解下胶鞋鞋带，用鞋带捆扎伤处上方，阻止毒素蔓延；然后用力挤压伤处约10分钟，挤出了很多"毒血"；随后在家人的陪伴下到当地卫生院求治，因卫生院无抗蛇毒血清遂来到烟台毓璜顶医院。接诊医生检查发现，由于李老汉在第一时间自救得当，受伤部位只是局部有点红肿，再无其他症状，进一步对症处理后，李老汉离开医院。

以上是一起典型的被蛇咬伤并得到妥善处理的事件。人们参加户外活动、休息或经过蛇类栖息的草丛、石缝、枯木、竹林、溪畔或其他比较阴暗潮湿处时，可能会发生不慎被蛇咬伤的事情。这时，必须进行及时的紧急处理，才能保证被咬者生命的安全。那么，被蛇咬伤后，应该采取哪些具体措施呢？

（1）被蛇咬伤后，应该对蛇伤分清是无毒蛇咬伤还是毒蛇咬伤。具体区分方法是：被毒蛇咬伤后，伤口局部可有成对或单一深牙痕（有时伴有成串浅牙痕），在咬伤的局部立即出现麻木、肿胀或出血等状况，尤其混合毒及血循毒更为明显，神经毒为主者出现局部剧痛但肿胀不明显。无毒蛇咬伤，伤口局部无牙痕，或是只有2～4排浅牙痕，并在20分钟内没有局部疼痛、肿胀、麻木和无力等症状。

（2）若为无毒蛇咬伤。只需要对伤口清洗、止血、包扎，再送医院注射破伤风针即可。

（3）若为有毒蛇咬伤，或是无法确定是否为毒蛇咬伤时，争取时间是最重要的。被蛇咬后，应立即用柔软的绳子或乳胶管（建议随身携带），在伤口上方超过一个关节的向心一侧结扎，结扎的动作要迅速，最好在咬伤后2～5分钟完成。但务必注意15分钟放松2～3分钟。

（3）应用冷水反复冲洗伤口表面的蛇毒。结扎后，可用清水、冷开水、冷开水加食盐或肥皂水冲洗伤口，若用双氧水、1:500高锰酸钾液冲洗更好。

（4）刀刺排毒。在经过冲洗处理后，应用干净的利器（建议在野外急救箱内备几片手术刀片）挑破伤口，同时在伤口周围的皮肤上，挑破如米粒大小数处。或以牙痕为中心作十字形切开。用刀时不宜刺得太深，以免伤及血管。有条件的可以将伤口浸于冷盐水中，从上而下地向伤口挤压20分钟左右，使毒液排出。也可以用口直接吸毒，但必须注意安全，边吸边吐，每次都用清水漱口。需要特别注意的是，如果口内有溃疡或龋齿，则不能用口吸毒，因为毒液通过口腔黏膜损伤处会很快进入血液循环。

（5）立即服用解蛇毒药片，并将解蛇毒药粉涂抹在伤口周围，但千万不要在伤口处涂酒精。尽量减缓伤者的行动，并迅速送附近的医院救治。

以上就是一些针对被蛇咬伤后所应采取的措施，其实，被蛇咬伤后进行紧急处理固然重要，更重要的是能够采取措施预防被蛇咬伤。下面就是一些具体应该注意的地方：

（1）取少量雄黄烧烟，以熏衣服、裤子和鞋袜；将"雄黄蒜泥丸"藏于衣裤口袋中。蛇嗅觉灵敏，喜腥味而恶芳香气味，身上带有芳香浓郁气味的药物可以驱蛇。

（2）在行进途中可用登山杖、树棍不断打击地面、草丛、树干，所谓打草惊蛇，以利于虫蛇回避。蛇对于从地面传来的震动很敏感，但听觉十分迟钝，不能接受空气传导来的声波，高声说话对驱蛇无效。

（3）穿上高腰鞋、长裤，必要时绷紧裤脚；进入丛林时，头戴斗笠或草帽。

（4）蛇粪有股特殊的腥臭味，如果嗅到特殊的腥臭味，要注意附近可能有蛇。

（5）遇到毒蛇后应保持静止。蛇的视力很微弱，只能对较近的物体看得清楚，1米以外的物体很难看见；视觉不敏锐，对于静止的物体更是视而不见，只能辨认距离很近的活动的物体。

（6）遇到毒蛇追人，千万不要沿直线逃跑，可采取"之"字形路线跑开，蛇的肺活量较小，爬行一段路程后，就会觉得力不从心；也可以站在原地不动，面向着毒蛇，注视它的来势，向左右躲避。蛇的椎体活动受到一定角度的限制，不能转折掉头，设法躲到蛇的后面。可能的情况下，用登山杖或木棍向毒蛇头部猛击。

（7）遇到毒蛇见灯（火）光追来，迅速熄灭头灯、电筒，将火把扔掉。

（8）如果有雄黄水，可以向蛇身喷洒，蛇就发软乏力，行动缓慢。

13. 被蜜蜂蜇伤了

2007 年十一黄金周期间，参观三孔的游客众多，在热闹之余，孔林景区也多了几位不速之客——蜜蜂，并且有几名游客还被这些蜜蜂给蜇伤了。据了解，10 月 5 日下午 13 点，一位外地小姑娘在家人的搀扶下，匆匆来到曲阜市公安局三孔派出所孔林警务室。经询问得知，原来小姑娘和家人在参观孔子墓时被蜜蜂蜇伤了手背，手背红肿鼓起了一个大包，民警立即从便民药箱中拿出药品为她涂抹上。没多久，先后又来了几位同样的患者。见此，民警便到孔子墓附近观察了解情况，发现有几只蜜蜂在来回"游逛"。民警驱车沿孔林墙外围巡逻，未发现养蜂户，于是便拿出工具将蜜蜂"请"出了孔林。

人们对蜂的侵扰总是比较害怕的，确实，这小小的飞虫倘若被激怒，猛然叮蜇一下，会引起许多麻烦。如叮咬处剧痛、红肿，有水泡；若身体多处被蜇伤时，可引起发热、头晕、头痛、烦躁不安、抽筋及昏厥等，少数过敏者情况更不妙，可有荨麻疹、鼻炎、唇与眼睑水肿、气喘、脉搏快、恶心呕吐、腹痛、血压下降、神志不清、休克和昏迷等。这是因为蜂毒液含有蚁酸及神经性毒的缘故。

蜂属于昆虫纲，膜翅目。蜂的种类很多，常见的蜇人蜂有胡蜂（亦称黄蜂或马蜂）、蜜蜂、蚁蜂、细腰蜂及丸蜂等。蜂尾均有刺器和毒腺。黄蜂常巢穴栖居于山林树丛中、山洞里或家庭居室窗外房檐下，喜群居，往往集体飞翔，如在有蜂栖息的山区树林中行走、劳动或戏弄蜂巢时，黄蜂常蜂拥而上，蜇伤露出部位的皮肤。

夏秋季节外出野游，如被蜂蜇伤，不要以为没有什么。应引起重视，有时会导致严重的后果。假如蜂毒进入血管，会发生过敏性休克，以至死亡。被蜂蜇伤后，可以采取以下这些处理办法：

野外活动时要提防被蜜蜂蜇伤

（1）被蜜蜂蜇伤后，要仔细检查伤口，若尾刺尚在伤口内，可见皮肤上有一小黑点。可用镊子、针尖挑出，在野外无法找到针或镊子时，可立即用胶布拔出尾刺或用嘴将刺吸出。

（2）不可挤压伤口以免毒液扩散，也不能用红药水、碘酒之类药物涂擦患处，这样只会加重患处的肿胀。

（3）因蜜蜂的毒液呈酸性，所以可用肥皂水、小苏打水等碱性溶液洗涤涂擦伤口，中和毒液。在野外被蜜蜂蜇了，如果没有碱的话，你可以找一种叫"荆"的灌木丛（野外这种植物很多的），把它的叶子捣碎（没工具时，用石头就行）敷在被蜇处。也可将生茄子切开涂擦患处以消肿止痛。伤口肿胀较重者，可用冷毛巾湿敷伤口。

（4）若被黄蜂蜇伤，因其毒液呈碱性，所以要用酸性液体中和，如食醋、人乳涂擦患处可止痛消痒。

（5）若被马蜂蜇伤，用马齿苋菜嚼碎后涂在患处可起到止痛作用。

（6）蜂蜇后局部症状严重、出现全身性过敏反应者，除了给予上述处理外，如带有蛇药可口服解毒，并立即送往医院救治。

（7）万一发生休克，在通知急救中心或去医院的途中，要注意保持呼吸畅通，并进行人工呼吸、心脏按摩等急救处理。

为了防止被蜂蜇伤，在野外山间行走请特别注意以下几点：

（1）到野外登山郊游时，避免经过没人走的草径、草丛，这些区域可能是毒蜂筑巢之所。山岩及树枝上也要随时留心观察，有些蜜蜂是栖息在树枝上的。此外垃圾堆、花圃区也是蜜蜂经常出没的地方。

（2）阴雨天气蜂类多在巢内而不外出，因巢内拥挤容易被激怒而蜇人，所以在山区行走时要特别小心，每年9～11月雨季中登山郊游，须特别注意蜜蜂危害。

（3）登山最最好穿戴表面光滑及浅色衣帽，避免深色、毛织品成表面粗糙的衣帽。裤子能够扎到靴子最好。

（4）假如走到草深及膝，一面是悬崖的单行山路上，带头的领队要特别小心，因为地形险恶是毒蜂肇祸的好场所。如果发现了毒蜂，最好的办法是绕道而行。

（5）发现蜂类从身边飞过时，最好站立不动，保持镇静，观察现场环境（切勿硬闯、绕路而行）或让自行飞去。如果用手拍打，虽然毒蜂可能被赶走，但是后来的人也许就成为受害者。

14. 快要热晕了

夏季天气炎热，温度计上的指针就像烧开了锅的水一样，蹭蹭的往上涨着，人们发生中暑的概率大大增加。

中暑是指在高温和热辐射的长时间作用下，机体体温调节障碍，水、电解质代谢紊乱及神经系统功能损害的症状的总称。颅脑疾患的病人，老弱及产妇耐热能力差者，尤易发生中暑。中暑是一种威胁生命的急诊病，若不给予迅速有力的治疗，可引起抽搐和死亡，永久性脑损害或肾脏衰竭。

炎炎烈日下，如果你感到头晕、恶心、心慌等相应症状，那么很可能就是已经中暑了。此时，应立即停下手头的事情，找到一个阴凉的地方坐下休息；同时，要及时补充水分，但不要大口猛喝，应小口慢饮，以防加重心脏负担；解开领口口子、领带、皮带等一些配饰，保持身体周围通风；涂抹或饮用解暑药物；在经过了一段时间休息后，如果症状不减反增，应及时求助并拨打电话就医。

一旦周围有人发生中暑症状，应当立即将病人移到阴凉的地方，并保持周围通风；解开衣扣，用各种方法帮助身体散热；帮助服用解暑药物；按压人中、虎口等穴位帮助恢复意识，如果症状没有减轻，应立即拨打救助电话。

面对夏季易中暑的情况，我们要告诉大家的是，夏季避免中暑贵在预防：

（1）夏季温度高，人体水分挥发较多，因此，要及时补充水分，不能等到渴了再喝，那时身体已经是缺水状态了。另外，身体中的一些微量元素会随着水分的蒸发而被带走，因此应适当喝一些盐水。

（2）夏天是吃冷饮的季节，但其实吃的越凉越容易中暑。因为人体局部的温度短期下低会让人体一下子无法适应这么低的温度，消化系统受到影响，继而影响到全身的各系统功能的正常发挥，从而容易导致中暑的发生。

（3）夏天要补充足够的蛋白质，鱼、肉、蛋、奶和豆类；另外，还应多吃能够预防中暑的新鲜蔬菜和水果，像西红柿、西瓜、苦瓜、桃、乌梅、黄瓜、绿豆等。

（4）可以利用食醋来预防中暑。食醋可帮助消食，促进肠胃蠕动，同时能生津消暑。

（5）热茶也有预防中暑的作用。热茶能帮助人体调节因高温而引起的失衡，起到以热制热的作用，是很好的防暑饮品。

（6）豆浆是预防中暑的很好的食品。豆浆富含丰富的营养，夏季胃口不好，不爱吃东西，喝上一杯豆浆，既补充了养分，又不会引发上火。

夏季外出活动时，更要注意预防中暑。具体地，要注意以下几个方面：

（1）出门要做好防晒工作，戴太阳镜、遮阳帽或使用遮阳伞。

（2）穿透气性好的棉质或真丝面料衣服，外出不要赤膊。烈日炎炎下长时间骑自行车最好穿长袖衬衫，或者使用披肩、戴遮阳帽。另外，红色是最防晒的衣服颜色，大家可适当选择。

外出活动时要做好防暑准备

（3）进行长时间的户外运动时，要准备好防暑药品，包括：藿香正气、十滴水、仁丹等等。

（4）中午至下午 14 点，是一天中阳光最充足的时候，尽量不要待在户外，有条件的可适当进行午休。

（5）经常洗澡，或利用身边条件适当降低体温，防止身体的水分过分蒸发。

（6）空调温度不要开设过低，如果室内外温差太大，也会导致中暑的发生。

15. 防止拥挤和踩踏

2004 年 2 月 5 日，是北京市密云县密虹公园举办的密云县第二届迎春灯展第六天。晚上 7 点 45 分，怀疑因一观灯游人在公园桥上跌倒，引起身后游人拥挤，造成踩死挤伤游人特别重大恶性事故，37 人死亡，15 人受伤。这是一起典型的拥挤踩踏事故。

拥挤是指一种在很短的时间内，因为某种突发的原因在人员集中的场所内引起的情绪亢奋、行动过激的失控现象。这种现象常发生在人员密度大、活动空间窄小的地区，尤其是在举办大型活动的场所。因此，在公共场所避免因拥挤产生的混乱和意外伤害是十分必要的。

拥挤现象多发生在举办大型比赛、演出、促销等活动的现场或人员相对集中的商场、影院、展销会、庙会等地。但校园内也会发生因拥挤伤人的事往往易被人们忽视。据统计，在校园内，在窄小的楼梯和走廊里最易发生不测，尤其在照明条件不好的情况时，危险性更大。

拥挤常常会造成人员的意外伤害，轻者可造成被挤压人员皮肤、软组织损伤，重者可造成骨折、窒息等，有时甚至造成死亡。那么，遭遇到拥挤的人群应该怎么办呢？

（1）发觉拥挤的人群向着自己行走的方向拥来时，应该马上避到一旁，但是不要奔跑，以免摔倒。

（2）如果路边有商店、咖啡馆等可以暂时躲避的地方，可以暂避一时。切记不要逆着人流前进，那样非常容易被推倒在地。

（3）若身不由己陷入人群之中，一定要先稳住双脚。切记远离店铺的玻璃窗，以免因玻璃破碎而被扎伤。

（4）遭遇拥挤的人流时，一定不要采用体位前倾或者低重心的姿势，即便鞋子被踩掉，也不要贸然弯腰提鞋或系鞋带。

（5）如有可能，抓住一样坚固牢靠的东西，例如路灯柱之类，待人群过去后，迅速而镇静地离开现场。

（6）在拥挤的人群中，要时刻保持警惕，当发现有人情绪不对，或人群开始骚动时，就要做好准备保护自己和他人。在拥挤的人群中，一定要时时保持警惕，不要总是被好奇心理所驱使。当面对惊慌失措的人群时，更要保持自己情绪稳定，不要被别人感染，惊慌只会使情况更糟。

（7）此时脚下要敏感些，千万不能被绊倒，避免自己成为拥挤踩踏事件的诱发因素。

（8）已被裹挟至人群中时，要切记和大多数人的前进方面保持一致，不要试图超过别人，更不能逆行，要听从指挥人员口令。同时发扬团队精神，因为组织纪律性在灾难面前非常重要，专家指出，心理镇静是个人逃生的前提，服从大局是集体逃生的关键。

（9）当发现自己前面有人突然摔倒了，要马上停下脚步，同时大声呼救，告知后面的人不要向前靠近。

（10）若被推倒，要设法靠近墙壁。面向墙壁，身体蜷成球状，双手在颈后紧扣，以保护身体最脆弱的部位。

如果已经发生拥挤和踩踏事故，则应该注意以下事项：

（1）拥挤踩踏事故发生后，一方面赶快报警，等待救援。

（2）在医务人员到达现场前，要抓紧时间用科学的方法开展自救和互救。

（3）在救治中，要遵循先救重伤者、老人、儿童及妇女的原则。判断伤势的依据有：神志不清、呼之不应者伤势较重；脉搏急促而乏力者伤势较重；血压下降、瞳孔放大者伤势较重；有明显外伤，血流不止者伤势较重。

发生拥挤踩踏事故后要及时救治伤员

（4）当发现伤者呼吸、心跳停止时，要赶快做人工呼吸，辅之以胸外按压。

附录 警示标志

交通标志

警告标志——提醒人们注意的标志

十字交叉路口	T型交叉路口	注意行人	注意儿童
注意信号灯	铁路道口	注意落石	注意危险

禁令标志——让人们遵守标志规定的内容

禁止通行	禁止驶入	禁止机动车通行	禁止行人通行
禁止向左转弯	禁止非机动车停车	停车让行	减速让行

指示标志——指示车辆和行人行进的标志

非机动车道	机动车道	步行街	靠右侧道路行驶
环岛行驶	人行横道	车道行驶方向	

194

消防标志

当心火灾

当心爆炸

紧急出口

禁止吸烟

禁止烟火

疏散通道方向L

禁止易燃物

禁止用水灭火

禁止火种

疏散通道方向R

火警电话

地下消火栓

地上消火栓

消防水管

灭火器

消防水泵接合器

禁令标志

禁令标志：是禁止人们某些行为的标志。除个别标志以外，一般为白底、红圈、红杠、黑图案、图案压杠。

禁止通行　　禁止非机动车通行　　禁止机动车通行　　禁止行人通行

禁止头手伸出窗外　　禁止入内　　禁止靠门　　禁止跨越

禁止燃放鞭炮　　禁止烟火　　禁止用水灭火　　禁止攀登

禁止游泳　　禁止跳水　　禁止钓鱼　　禁坐栏杆

指示标志

指示标志：指示车辆、行人行进的标志。

步行

人行横道

非机动行驶

人行天桥

人行地下通道

残疾人专用设施

紧急出口

此路不通

滑动开门

防灾避难与危机处理

常用应急、服务电话

匪警：110

火警：119

医疗急救：120

交通事故处理：122

电话故障处理：112

电话号码查询：114

时间查询：171

天气预报查询：121

邮政编码查询：184